Molting Growth:
Value Creation through Non-Competitive Orientation

脱皮成長する経営

無競争志向がもたらす前川製作所の価値創造

恩藏直人
永井竜之介
［著］

千倉書房

まえがき

本書執筆のきっかけは、上梓から3年以上も前にさかのぼる。筆者の一人である恩藏が、本書の中にも数回登場する重岡氏（前川製作所専務取締役）に声をかけられ、面談したときの会話である。

当初、前川製作所では外部講師を交えての勉強会を行いたいと考えており、面談の内容は外部講師の一人として恩藏を加えたいというものだった。恩藏が専門としているマーケティングの話や前川製作所の歴史など、二人の間で様々な意見交換をする中で、前川製作所がいかにユニークなのか、他社といかに違うのか、という話になった。重岡氏は前川製作所の経営幹部の一人であるが、2008年に地方公務員を退職し、前川製作所に再就職していた。それだけに、新卒から前川製作所に就職し、他社のことをあまり知らない社員とは異なり、身をもって前川製作所のユニークさを感じていた。「大企業でありながら、このような会社は他にはありません。社員になって、本当によくわかります。そうしたユニークさは、前川製作所の強みでもあると思う」といった内容の話をしてくれた。

重岡氏との会話はさらに進んでいった。「現在、前川製作所の特徴について社内でも整理をしようとしているが、実のところ社外から見て、我が社がどのように映るのか興味がある。前川製作所は何がユニークなのか、研究者の視点からまとめることはできないか」という話になった。「もし書籍としてまとめるのであれば、包み隠すことなく、すべてお話しできます」とまで言ってくれた。

特定の会社について何度でも、そして誰に対してでもヒアリングできるという機会は滅多にない。欧米のトップジャーナルにおける近年の号を見ていると、特定の企業に度重なるヒアリングを実施し、そこから新たな知見を導出し、研究論文として発表されているものが増えてきている。例えば、*Journal of Product Innovation Management* に掲載されている Driessen and Hillebrand（2013）では、特定企業のマネジメント層、従業員、顧客へのヒアリング調査から新製品開発戦略に対する新たな知見を導出している。研究価値の高い特定企業に対する多面的かつ重層的なヒアリング調査は、極めて貴重な研究機会である。

前川製作所による提案は研究を進めるうえで最高の条件であり、出版に向けての話が一気に進んでいった。当初、恩藏は一人で取り組もうと考えたが、そう簡単に書き上げることのできる内容ではないという思い、意見交換をしながら内容を深めていきたいという思いから、早稲田大学大学院博士後期課程の恩藏ゼミに在籍していた、まさに新進気鋭の研究者である永井竜之介氏（現、高千穂大学助教）に声をかけた。

前川製作所はヒアリングや資料提供における私たちのリクエストに真摯に応じてくれ、執筆作業は永井氏との二人三脚で順調に進んだ。結果的に3年にも及ぶヒアリングは30回を超え、前川正雄顧問、前川正会長、前川真社長から、多くの役員、さらに中堅社員、若手社員に至るまで、延べ50名を超える様々な視点からの声を聞くことができた。

★　★　★

本書の執筆において、私たちは二つの点を心がけた。一つは、過去に執筆されている前川製作所の書籍を読まないという点である。前川製作所に関しては、これまでに前川正雄著・野中郁次郎監修『マエカワはなぜ「跳ぶ」のか――共同体・場所・棲み分け・ものづくり哲学』（ダイヤモンド社、2011年）、徳丸壮也『エコのパワー――環境産業革命に挑む前川製作所の有機経営法』（ダイヤモンド社、1997年）、鎌田勝『100億の金を残すより100人の社長を育てる――前川製作所の独立法人経営』（日本実業出版社、1987年）といった書籍が出版されている。そこには前川製作所の独自性や優位性が整理されており、短時間で前川製作所のエッセンスを知ることができる。だが、そうした書籍に書かれている内容は、すでに第三者のフィルターを通したものであり、何らかのバイアスがかかっている。そこで、本書の骨子が決まり、私たちの考えがまとまるまで、独自のヒアリングと社内資料だけにこだわり、あえて出版物については目を通さないという姿勢を貫いた。

私たちは多くの歴史上の人物を知っている。戦国時代のヒーローである織田信長、豊臣秀吉、徳川家康などについては、性格や振る舞いまでイメージすることができる。だが、その多くは小説や映画やテレビ番組などによって作り上げられたものであり、それぞれの人物の実態をどれだけ正しく反映しているかはわからない。小説や映画などでの歴史上の人物の描き方は、制作者の価値観や思いが反映されたものとなっており、それらを通じて作り上げられた、私たちが歴史上の人物に抱いている性格や姿は、実態と大きくかけ離れている可能性がある。私たちは歴史上の人物に直接会って、彼らの実態を確かめることはできないが、前川製作所についてはそれができる。二人が直接見て、聞いて、感じた内容をもとに、本書はまとめられている。

私たちが心がけたもう一つの点は、ヒアリングの内容を単に紹介するだけではなく、新しいコンセプトや枠組みを抽出しようという点である。各章では、ヒアリングで得られた内容をもとにして、抽象化した解釈を試みている。ヒアリングの内容を読んでもらうだけでも、前川製作所のユニークさや面白さは伝わるだろう。だが、そうしたユニークさを整理し、新しいコンセプトや枠組みを導出して、既存のコンセプトや枠組みと対比することにより、読者の理解をいっそう深められる。また、私たちは研究者であるので、一般化したり抽象化したりすることにより、アカデミックの世界に対しても貢献ができると考えた。

今回のような特定企業へのヒアリングという定性的情報から、人々に対して価値のあるメッセージを発信することは容易ではない。まず、対象とした企業そのものに、そもそも価値のある取り組みや仕組みが存在していなければならない。その点は、本書の各章や各節のタイトルを見ていただければわかるだろう。前川製作所には、グローバルで活躍する通常の大企業においては見られない特徴が、確かに存在する。実際、私たちもヒアリングを通じて、何度も驚かされ、確認のために聞き返したこともあった。また、メッセージ性を高めるためには、ヒアリングによって得られた情報に、何らかの手を加えなければならない。単なる事実の整理にとどまらず、抽象化というステップにこだわったのは、グローバル競争で勝ち進んでいる前川製作所のエクセレンスや独自価値を単なる読み物で終わらせず、新しいコンセプトや枠組みとして他の業界に伝達できると考えたからである。

★　★　★

本書は3部8章で構成されている。第Ⅰ部では、小さな町工場がグローバル企業となるまで、つまり前川製作所の創業からの成長の軌跡をたどる。第1章「町工場のDNAを持ち続ける」では、同社の概歴とともに、創業以来、同社が持ち続ける町工場としての強みを取り上げている。多くの大企業が規模拡大とともに失っていくこのDNAが、前川製作所にもたらす価値を提示する。第2章『『脱皮』によって成長する」では、「独法があったから、現在のマエカワがある」と社員が揃って口にする、前川製作所が1984年から2007年にかけて導入した独立法人制の意義や遺産について取り上げている。そして、同社で用いられる「脱皮」の概念をもとに、脱皮成長という新たな枠組みを導出する。

第Ⅱ部では、前川製作所のものづくりに焦点を当てる。第3章「プロダクトアウトの限界に打ち勝つ」、第4章「顧客の取引先と結びつく」では、それぞれニュートンとトリダスという同社を代表する二つの成功事例について論じている。各事例の分析を通じて、前川製作所の優れたマーケティング戦略を読み解いていく。第5章「失敗を成長材料に変える」では、失敗に終わった、あるいは失敗を乗り越えた11の事例を取り上げ、失敗を組織の成長材料とするために必要となるマーケティング発想について整理と分析を試みている。

第Ⅲ部は、前川製作所のヒトづくりに目を向けている。社員教育や働き方、組織づくりといった視点から、同社の強みを探る。第6章「共同体発想で個を活躍させる」では、管理型の組織ではなく、共同体としての組織を構築して、その中で社員個々の活躍を促す同社の取り組みについて論じている。第7章「知識を身体化させる」では、同社で用いられる「身体化」の概念を掘り下げ、知識を身体化することでもたらされる様々なメリットや、それを可能にする「擦り合わせ」の概念を取り上げている。最後に、第8章「『動』と『静』の人材を活用する」では、20代から40代を「動」、50代以上を「静」とする、前川製作所の独自の人材育成や働き方に注目し、高齢化社会における先進的な人材活用モデルとして考察している。

★　★　★

本書のタイトルには二つのキーワードが盛り込まれている。一つ目は、主題に含まれている「脱皮成長」である。脱皮と聞くと、ヘビのように脱皮を繰り返すことで単純に体を大きくしていくタイプと、セミやトンボ、カゲロウのように脱皮することで姿形だけでなく、活動空間や食べ物までを変えて変態を遂げるタイプの二種類の脱皮を思い浮かべることができる。本書でイメージしてほしい脱皮は後者である。前川製作所は、企業としての姿形だけでなく、ビジネスを展開する土俵や利益源までを変化させているが、この成長はまさに「脱皮」を連想させる。

もう一つのキーワードは、副題に含まれている「無競争志向」である。今日のビジネスにおいて、競争意識は避けて通ることのできない前提と考えられている。競合他社との競争にいかに打ち勝つか、競合製品のシェアをいかに奪い取るか。競争に勝つことで、自社の成長が実現できる。ところが、前川製作所の経営者や社員たちは、口を揃えてこう言う。「マエカワは競争しません」。同社では、無競争の実現を掲げて、競合他社と向き合うよりも顧客と向き合い続け、これまで市場に存在していなかった新たな価値の創造を追求している。つまり、他社との競争に基づいた成長ではなく、自身が脱皮を繰り返すことによって、無競争の下で成長しているのだ。

「脱皮成長」と「無競争志向」という二つのキーワードは、同社の前川正雄顧問が好んで用いる言葉である。前川製作所を象徴するこの二つの言葉を用いて、私たちは前川製作所の独自性を浮き彫りにしようと試みた。本書では、脱皮成長や無競争志向が実践される場面および製品について、また実践するために必要となるヒトづくりについて、各所で紹介と分析を行っている。

★　★　★

本書の執筆にあたっては、多くの人のご理解とご協力を得た。まず、前川製作所の重岡氏と岡田氏の名前を挙げなければならない。両氏は本書の出版にあたり、前川製作所側の、いわばカウンターパートのような存在になってくれた人物である。数多くのヒアリングを実施することにより本書はまとめられているが、ヒアリングを実施するためには、忙しい関係者の調整をしなければならない。両氏は、私たちとヒアリング対象者の間を何度となくやりとりをして、難しい調整をはかってくれた。両氏の献身的な協力がなければ、本書の出版は大きく遅れていたはずである。

本書の216〜218ページに取材対象一覧としてまとめられているが、ヒアリングを快く受けてくれた前川製作所のメンバーに対してもお礼を申し上げなければならない。私たちの質問に対して、真摯に対応し、包み隠すことなく語ってくれた。ヒアリングを通じて蓄積された情報は、前川製作所を知る上での第一級の資料として、本書の全体像を形作っている。しかも、彼らの発言やコメントは、私たちがビジネスを捉える上での新しいコンセプトや枠組みの構築へと結びついている。

書籍を出版する際、原稿段階で第三者に目を通してもらい、コメントを求めることは少なくないだろう。本書においても、早稲田大学大学院商学研究科修士課程の嶋拓実氏と権純鎬氏に協力してもらった。彼らは忙しい時間を割き、読者の一人として忌憚のない意見を述べてくれた。彼らに対して改めて感謝の意を表したい。

最後となったが、本書の出版の機会を与えてくれた千倉書房の岩澤孝氏に心よりお礼申し上げる。出版事情の厳しい中、同氏は本書出版の価値や意義について理解を示してくれた。出版が決まってからの岩澤氏の声援は、私たちにとって大きな励ましとなった。

20世紀末、世界で日本的経営がもてはやされ、多くの日本企業はグローバルな舞台で輝きを放っていた。ところが、日本企業の低迷とともに、1990年代には世界で上位を占めていた日本国の競争力も大きく落ち込んだ。スイスのビジネススクールであるIMD (International Institute for Management Development) が毎年発表している国際競争力ランキングによると、2000年以降、日本は20位台にまで落ち込んでいる。本書の出版により、グローバル競争で通用する日本企業の新たな強みに光が当てられ、多くの日本企業がそうした新たな強みを学び、ひいては世界における日本企業の輝きが再び高まるキッカケになれば幸いである。

脱皮成長する経営――無競争志向がもたらす前川製作所の価値創造▼目次

II ものづくり

第4章

▼顧客の取引先と結びつく――トリダス　075

第 I 部

前川から MAYEKAWAへ

第1章

町工場のDNAを持ち続ける

地下鉄東西線の門前仲町駅で下車すると、江戸文化を色濃く残す深川の街並みが現れる。成田山新勝寺の東京別院として知られる深川不動堂、大相撲との結びつきが強く歴代横綱の名が刻まれている横綱力士碑を見ることのできる富岡八幡宮（深川八幡とも呼ばれる）など、駅名の由来にもなっている門前町として栄えた名残を各所で感じることができる。

活気と人情味を醸し出す深川仲町通り商店街を抜けて歩くこと3分、大横川の川べりに近代的なビルが現れる。株式会社前川製作所の本社であり（図1－1参照）、創業80周年の記念事業として2008年に竣工された建物である。この建物は、環境配慮と200年建築をテーマにしていたこともあり、2010年のグッドデザイン賞に輝いており、明るく洗練されたオフィスシーンを撮影するためのロケ地としてたびたび用いられている。

前川製作所は現在、国内に60の事業所と三つの生産拠点、海外41カ国に101の事業所と七つの生産拠点を持ち、国内だけで約2500名、海外でも約2000名の社員を抱えるグローバル企業であり[1]、産業用冷凍・冷蔵装置、食品・食肉加工装置、エネルギー、ケミカルの四つを主要事業として展開している。非上場だが売上高は1300億円を超え、売上の約7割を占める主要事業の産業用冷凍・冷蔵装置には、圧縮機(コンプレッサー)や冷凍・冷蔵ユニットなどが含まれる。

冷凍・冷蔵ユニットと聞いて身近に感じる人は多くないだろうが、大手食品メーカーの食品製造および低温物流を支えている装置だと聞けば、ある程度イメージを抱いていただけるはずだ。実は、もっと身近な場所でも使用されている。近年人気の高まっているフィギュアスケートのスケートリンクの整備には冷凍機が欠かせないし、カーリングやボブスレーといったウィンタースポーツの会場でも冷却装置は不可欠である。こうした産業用冷凍・冷蔵装置の分野で国内トップシェアを誇り、特に冷凍船向けでは世界のおよそ8割のシェアを握っている企業が前川製作所なのである。

この前川製作所の社員に対して、我々は繰り返しヒアリングを実施することとなったが、社員によって語られる内容は驚きの連続であった。形式的な会議に頼ることのない意思決定プロセス、家族経営で見られるような経営者と社員との関係、技術系や文科系を超えた組織内での

図1-1 ▶ 前川製作所の本社

出典：株式会社前川製作所、社内資料。

役割など、一般的な会社ではありえないと思われる取り組みや文化にあふれていた。

優れた会社を取り上げ、そのエッセンスを論じた書籍や論文はいくつかある。しかし、そこで取り上げられている企業の大半は欧米企業であり、しかも欧米型のマネジメントを前提として考察されたものだった。アップルのスティーブ・ジョブズ、アマゾンのジェフ・ベゾス、GEのジャック・ウエルチのように、優れた経営者にフォーカスが当てられ、彼らのパーソナリティや経営哲学が論じられることも少なくない。一方、本書では日本の町工場から成長し、その組織のユニークさによって世界に対して輝きを放っている前川製作所に光を当てている。

ホンダ、パナソニック、京セラ、シマノといった名だたるグローバル企業も創業当初は「町工場」である。1946年（昭和21年）に浜松市で誕生したホンダは、内燃機関や工作機械を手掛けており、創業者である本田宗一郎を含めても従業員は二桁に届くか届かないかの組織だった。松下幸之助が1917年（大正6年）に始めたパナソニックの前身である松下電器産業も、ほんの数名で電球用ソケットを生産していた。多くの企業が町工場から歩みを始め、成功をおさめた一部の企業は成長し、さらに環境の変化やリスクを乗り越え、市場からの支持を得た限られた企業だけが大企業になり、グローバル企業へと飛躍する。成長に伴って新しい社員が増え、創業時のメンバーは定年によって会社を去っていく。するといつしか自社が町工場であったことを忘れていく。当然、経営者と社員との付き合い方、取引相手との関係、経営者の意識などは大きく変化していく。

ところが、前川製作所はちがう。同社では現在でも「我が社は町工場である」という共通認識が全社員に共有されている。そして、その町工場という共通認識は、同社の成長と発展を支えている一つの要因であると我々は考えている。本章では、創業時から受け継がれ続けている

「町工場としてのDNA」について、同社の成長の歩みと共に見ていこう。

▼「町工場」の創業

前川製作所のはじまりは、創業者である前川喜作が1924年(大正13年)に創業した前川商店である。前川喜作は、早稲田大学理工学部を卒業後、川崎造船所と守谷商会で働き、その後、独立し前川商店を創業した。この前川商店は、アメリカから冷凍機を輸入し、冷凍倉庫への設置業務を請け負う会社だった。本社は、当時のビジネスの中心地であった新橋に置いた。前川喜作の口癖は、「みんな社長になったつもりでやれ」、「一人でなんでもやれ」、「よそでやらぬことをやれ」で、社員たちは家族のように一丸となって仕事に取り組んでいた。

1930年、新橋にあった本社を深川に移転し、新たに製氷業を専業とする東京冷凍工業株式会社が設立された。この製氷業への進出が、前川製作所にとっての一つ目の大きな転換点となる。当時の家庭用冷蔵庫は「氷式冷蔵庫」と呼ばれ、上の段に大きな氷を置いて、下の段に入れた食材を冷やすものだった。60歳を超えた方であれば覚えている人も多いと思うが、消費者は氷屋に出向き毎日のように氷を買わなければならない。氷を製造して氷屋に卸す製氷業者は、電気冷蔵庫の普及が本格化した1960年代後半まで大きな成功をおさめた[2]。

前川製作所は、新規参入した製氷業においてわずか3年で、日本冷蔵株式会社（現、株式会社ニチレイ）と並ぶ日産50トンを製造するまでに成長し、国内製氷の一大企業へと躍進した。製氷業で大きな財を成した一方で、前川商店は1934年から、それまで輸入していた冷凍機を自社で製造するという冷凍機製造事業へと乗り出した。この冷凍機製造への進出が二つ目の転換点となる。

機器の製造業になる、つまり、本格的なものづくりを始めるにあたって、深川に拠点を置いていたことは大きな意味を持った。江戸深川の職人気質を自社の文化に色濃く反映させることができたからである。当時の社員は、より効率良く仕事を進められるように、一般的な道具に加えて、各自が工夫して自分専用の道具を作り上げていた。「個人専用の道具は絶対に貸してくれませんでした。自分で作れ、と言われました」と、同社で「生き字引」と呼ばれる回転機技術顧問の山本や、生産技術の審議役の岡は当時を振り返っている。先輩たちが作る道具を真似して、新人たちも自分だけの道具を作っていたのである。

ノギスやマイクロメーターといった測定工具が利用できないときには、持ち合わせの道具を駆使し、手作業で100分の5ミリ、100分の3ミリという精度の金属加工を実現し、知恵と己の技でものづくりを実現したのである。職人的な精神と技術はこの時代に養われ、形を変えながら現在に引き継がれている。前川製作所の経営幹部たちが繰り返し口にし、大切にしたいと考える「町工場」としてのDNAとは、まさにこの時代に形作られた組織文化であり、社員のマインドである。

▼ユーザー感覚を持った製品開発と、顧客に寄り添うサービス

産業用冷凍機製造事業においても、前川製作所は急成長を遂げた。冷凍機メーカーとして大手だった日本製鋼所、日立製作所と肩を並べ、さらには追い越して業界トップの座へと躍り出た。冷凍機メーカーとしての業界トップの地位は、今なお続いている。

冷凍機メーカーとして最後発ながら、前川製作所が急速に勝ち上がっていった背景には二つの強みがあった。一つは、創業当初に製氷業として冷凍倉庫に関わっていた経験と、自らが顧客として冷凍機を利用する氷屋であるという「ユーザー感覚」を備えていた点である。ユー

ザー感覚をもとに顧客ニーズを自分事化し、製品開発を進めることができ、同社に大きな競争優位性をもたらした。ここでの成功体験は、顧客の立場でものづくりをすることの意義と重要性を忘れないという前川製作所の文化の原点になっていると思われる。機器の製造業者になっても常にユーザー視点を持ち続けるという同社の特徴は、第4章のTORIDAS（製品名：以下、トリダス）における議論へと結びついていく。

もう一つは、全国に張り巡らされたアフターサービス網による「顧客への寄り添い」である。当時、競合他社の多くは東京と大阪に拠点を持ち、その2カ所から全国に人員を向かわせていた。一方、前川製作所は氷屋としてあらかじめ全国に事業所を有しており、ユーザーから呼ばれれば、即座にメインテナンス等の対応に応じることのできる体制を整えていた。「少し料金は高いが、その代わりとにかく対応が早い。困りごとは何でも聞いてくれる」というのが同社への評価である。

生産財企業を対象にした研究によると、サプライヤーの評価基準として価格や品質とともにサービスは重要な要素であり、その重要性は近年ますます高まってきている（Wilson 1994; 渋谷2011）。もちろん、業種によって異なる側面はあるだろうが、冷凍機においても迅速な対応が不可欠であることは明らかだ。この点も、競争優位性の源泉となった。町工場の社員が、一人ひとりの顧客の顔を見てビジネスを行うように、顧客に寄り添いながらビジネスをするという組織文化が根付いていった。この組織文化は、第3章のNewTon（製品名：以下、ニュートン）での議論へとつながっていく。

同社の歴史に話を戻すと、1937年に前川商店は東京冷凍工業を吸収合併して、現在の前川製作所に組織変更した。戦時中は海軍の指定工場となって成長を続けたが、東京大空襲で工場が全焼し、企業資産の多くを失うこととなる。戦後に、深川製氷工場の設備機械の修理から始め、冷凍機の製造を再開する。1947年、横須賀旧海軍工廠から、接収を免れた当時の最新鋭工作機械の払い下げを多数受けることとなり、これが1950年以降の躍進の土台となった。目白製氷工場、浅草の橋場製氷工場、茨城県波崎製氷工場と新工場の建設を続けて製氷事業を拡張させ、前川製作所は本格的な再出発を切った。

1952年には大阪と渋谷にも製氷工場を新設した。1955年には、土地整備から工場建設までのすべてを自社で行い、最初の出氷までをわずか1カ月という驚異的な期間で実現した調布製氷工場が設立された。調布工場新設は「マエカワ魂」として社内で語り草になっており、すべてを自前でこなし、社員が一致団結して仕事に取り組む同社の姿勢を表した出来事といえる。この突出した自前主義は、第7章における組織風土の議論へと結びついていく。

従来から製造していた堅型圧縮機に変わり、前川製作所では新型高速多気筒圧縮機の試作に着手した。これは他社に先駆けての取り組みであり、1956年のことである。当時の製造部門は「鉄工場」と呼ばれ、50人程の匠の技術者たちで構成されていた。炉で鉄片を鍛え、工具を作り、旋盤で鉄を削り、冷凍機を製造していた。熟練技術者たちは新製品開発に注力し、技術革新に立ち向かった。翌年には試作機を完成させて製薬会社に2台、水産会社に3台を納入し、その後、シリーズ化して展開していった。同時に、製氷分野での成長も続け、1958年には前川製作所の製氷は、都内トップの1日当たり1000トンに達していた。

▼「できない」とは決して言わない

日本国内が高度成長政策に動き出した1960年代に入ると、前川製作所は国内での製氷業と冷凍機製造事業の堅調な成長を基盤として、本格的な海外戦略に乗り出していった。アメリカ海軍第7艦隊にはレシプロ圧縮機を納入し、ソ連には1万2000トンの液ポンプ方式冷蔵庫を12セットおよび日産100トンの氷を製造できるプラントを輸出した。[3] 特に後者は、「マルS（ソビエト連邦の頭文字Sを丸で囲んで表記していた）があったから、いまの前川がある」と言われるほどの社運をかけた大型プロジェクトであった。

当時、同社における圧縮機の生産能力は、年間で50台に満たないものだった。そうした中、ソ連向けだけで1年間に156台を納めるというのである。生産能力の3倍以上に及んでおり、いかに無謀な受注であったかがわかる。業界では「前川では処理できないのではないか」という噂が流れていた。同社は、創業以来の社運をかけたプロジェクトとして、他の受注はすべて断り、全社員一丸となってプロジェクトに集中した。マルSに取り組んだ1年間、社員の年間休暇は20日程度になった。朝7時半から夜9時まで作業に明け暮れ、毎日夕方には、かけ蕎麦やパンが支給された。

そんな社員による必死の1年が過ぎ、無事に156台すべてを製造し、横浜港と神戸港から輸出することができた。驚くことに、マルSで納入した圧縮機の一部は今なお稼働しているという。マルSで得られた大きな利益は、茨城県守谷市の広大な工場用地購入へと結びついており、守谷工場は今日の前川製作所を支える生産拠点となっている。

10年後の1977年、オイルショックを背景に通商産業省工業技術院が省エネ技術開発プロジェクト「ムーンライト計画」を打ち出した。前川製作所はそれに参画し、廃熱利用技術システム開発プロジェクトにおいて高温圧縮式ヒートポンプの開発に着手した。30～60度の温排水から熱を回収し、工場棟で利用する100～160度の高温水を生み出すというシステムで、同社の培ってきた冷やす技術を熱エネルギー技術へ展開させたものであった。

当時の前川製作所にとって、これは未着手の技術領域であり、技術者のなかでも「前川で本当にできるのか」という不安の声が上がった。しかし、20代の社員がリーダーを務める若手集団が中心となり、技術的なハードルを乗り越え、圧縮式ヒートポンプによる熱回収技術を確立した。ここから、冷やす技術から熱エネルギーへの展開が開始され、同社が「熱の総合エンジニアリング会社」へと成長を遂げる第一歩となった。

「『できません』は前川ではない。お客様の声に応えられなくなったら、前川ではなくなる」、社員がしばしば口にするこの言葉は、前川製作所を如実に物語っている。顧客からの極めて挑戦的なリクエストや相談に対して、前川製作所は決して「後ずさり」をしない。「背を向ける」などもってのほかである。顧客から明確に訴えられている課題であっても、顧客側や企業側にあきらめがあったり、ハードルが高すぎると思ったりすると、どうしても課題解決にまで進まない。これは、明言されるニーズを遮断してしまう常識の壁として知られている（恩藏 2017）。「できない」と言って可能性の芽をつぶさない企業文化は、同社の成長過程を通じて根付いていったものと思われる。この点は、第7章での議論へと結びついていく。

▼「なんでもできる」という強み

1964年、初の海外製造拠点マエカワ・ド・メキシコをメキシコのエルミタ・エクスタパラパに設立、グローバル展開が本格的に開始する。当時、日本の本社との主な連絡手段は船便による手紙だった。国際電話はつながりにくく、FAXも普及していない時代である。本社に問い合わせて返答が戻るまで、2カ月を要することもざらだった。そのため、「2カ月の間に、状況は変わってしまう。返事をもらっても役に立たない。現地にいるメンバーでやれることは全部やった」とメキシコに7年間駐在し、1973年からの2年間はメキシコ支社の代表を務めた田中(現、顧問)は振り返る。

立ち上げ当初、10人にも満たないスタッフで、製造、トラブル対応、資材購買、労務問題対応など、すべての課題に対して自らの判断で取り組んだ。現地では、日本型サービスの提供に努めた。昼夜を問わず、休日でも顧客に呼ばれれば飛んでいき、サービス対応でのスピード感を追求していった。顧客から、金曜日の夕方に「冷凍機が止まった」と電話を受ければ、即座にパーツを揃えて顧客のもとに担当者が向かった。夜の8時に現地に着き、状況を確認した後に、10時から深夜4時までかけて修理をした。冷凍機が再び正常に動き出すと、工場の社長と社員たちは総出で拍手をしてくれ、ラテン系の曲をかけて一緒にテキーラを飲み、肉を食べた（本当は、修理代金の話を先にしたかったが言い出せずに困ったという）。顧客からは、「金曜の夜に来てくれて、寝ずに修理して明け方に（機械を）回すなんて、欧米のメーカーではありえない」と非常に感謝してもらい、これをきっかけに強固な信頼関係を築くことができた。「お客様の要望に100％応えて、満足させる。そして喜んでもらう」という気概を現地メンバー全員が共有していた。現地メンバーは、仕事もプライベートも常に一緒で、まるで家族のようだった。

販売戦略においても、欧米メーカーとの差別化を意識した。欧米メーカーは、基本的に「既製品を売る」という発想だった。規格品の大型冷凍機は、広い倉庫や工場には向いているが、中規模や小規模の施設には適さないケースが多かった。そこで前川では、顧客それぞれに「ぴったりのもの」を設計し、提供していくという戦略をとった。「『売りつける』という心は持たずに、可能な限り『ぴったりのもの』で『安くて良いもの』を追及して、提供させてもらう」という気持ちだったという。こうした現地社員の奮闘の結果、先発組であるアメリカ企業とドイツ企業との競争に勝ち、メキシコ政府の要望であった冷凍機の国産化にいち早く応えるという大きな成果を上げることができた。

それぞれのメンバーが、それぞれの専門領域を持ち、各自が適切に遂行すればいいというのではない。少人数で、あれもこれも処理しなければならない。競争に打ち勝ち成功を手に入れるためには、一つの能力に特化したスペシャリストではなく、多様な能力を兼ね備えたゼネラリストの集団でなければならなかった。メキシコでの経験は、多能工化に向けての社員育成を重要視する、という前川製作所のDNAの原点となっており、第3章における「NewTon（以下、ニュートン）」での議論へと結びついていく。

1965年になると、捕鯨母船や鮭鱒母船に冷凍機を続々と納入し、船舶分野での実績を重ねていった。そして、世界初の漁船用液ポンプ方式を開発し、トロール船市場にも参入した。2年後には初めて大型冷凍運搬船の冷凍冷蔵設備を施工し、前川製作所による温度制御・液ポンプ方式の技術力が広く市場に認められるようになった。1967年には、アメリカのロサンゼルスにマエカワUSA、その翌年にはブラジルのサンパウロにマエカワ・ド・ブラジルを設立している。トヨタ、日産、松下（現、パナソニック）などの日本を代表する企業がアメリカへの輸出を開始したばかりの時代、前川製作所は海外で現地法人を続々と立ち上げていった。

▼ベテランと若手の融合

1969年はスクリュー圧縮機の幕開けの年となった。スクリュー圧縮機の開発にあたっては、遡ること5年前のソ連冷凍機船20隻という大口商談で、スクリュー冷凍機を持つスウェーデンのスタール社に敗れたことに端を発する。ここから、独自のスクリュー圧縮機開発が始まった。1966年、スウェーデンのSRM（Svenska Rotor Maskiner）社と設計特許の実施権契約を結んだが、加工法の教示については契約を結んでいなかった。その結果、設計はできても、加工方法はゼロから自前で開発しなければならなかった。

SRM社のスクリュー圧縮機のローターの歯を調べてみると、その形状は非対称で複雑極まりないものだった。スクリュー圧縮機はローターの歯の加工がすべてである。その生命線をいかに自前で開発するか、という課題に直面した。試行錯誤の末に造った試作機は、テンプレートや工作機械の精度が低いこともあり、ローターを圧縮機に組み込んでもスムーズに回転しなかったり、回転しても騒音を発生させてしまったりするなど、問題が山積みだった。そのピンチを救ったのは、同社のなかでも実用ローターの手仕上げ加工の匠として知られる技術者たちだった。彼らは、「意地でも削ってみせる」と手作業で造り上げた。

国内初の油噴射式スクリュー冷凍機が、1969年、冷凍加工船に納入された。その後、若手技術者の提案で、当時ようやく実用可能になっていたコンピューターによる歯型の数値解析を行い、量産化体制を整えていった。このことは、SRM社をしのぐ加工法の自社開発へとつながり、後に、「前川製作所は世界最先端」と言われる全自動ローター加工法を他社に先駆けて完成させることになる。全自動ローター加工法の完成に向けての取り組みでは、若手、中堅、そしてベテランが、それぞれの世代に応じた役割を発揮していた。第8章では若手から中堅を「動」、ベテランを「静」と整理しているが、前川製作所では世代を超えた組織メンバーによって困難な課題を乗り越えている。社内で「生き字引」と呼ばれる70歳を超えた人々による「亀の甲より年の劫」、「老馬の智」が、同社では今でもビジネス活動において活かされている。

1970年には旗艦工場となる守谷工場が完成し、生産ラインと製品開発体制が一層強化された。製造設備と製造部門の社員全員が深川工場から守谷工場へ移り、「民族大移動」と称する大移転が行われた。また同年には、大阪電通ビルに日本初となる冷暖房省エネ・スクリューコンプレッサー・ヒートポンプを納入した。

この時期から、前川製作所は産業用冷却装置を軸に、食品事業やエネルギー事業にとどまることなく、省エネの分野とも連携して事業を拡大させていった。1972年、世界初のタンデムハーメチック型ヘリウム圧縮機を開発し、日本国内では電電公社（現、NTTグループ）と神戸商船大学（現、神戸大学）、海外ではフェルミ国立加速器研究所とプリンストン大学、ローレンス・リバモア国立物理学研究所へ納入してグローバルな舞台で大きな反響を得た。1975年には研究開発や技術職の社員が、自ら営業に出て、新しい仕事を取ってくる「開発営業」というチームが発足し、さらなるニーズの発掘と開拓が進んでいった。同年、世界初の塩素ガススクリュー圧縮機を開発・納入し、これをきっかけに前川製作所のケミカル事業が切り開かれていった。

1960年には200名程度だった前川製作所の社員数は、63年に400名、70年に600名、第2章で詳しく説明する「独立法人制（独法制）」開始の84年には800名にまで増えている。[4] この時点で、規模という点からして、すでに町工場と呼ぶには不釣り合いになっている。前川製作所はその後も発展を続けるが、大企業となった同社のさらなる成長については第2章で見ていこう。

▼「町工場のDNA」を構成する5要素

前川製作所の創業からの歩みを見てきた。同社の歩みからは、現在にまで引き継がれている「町工場のＤＮＡ」を構成する五つの要素が浮かび上がってくる。

一つ目は「顧客に寄り添う」である。顧客のもとへと歩み寄り、顧客との距離感をできる限り近づける、という姿勢である。同社では、顧客の声に直接耳を傾けて、要望に応える姿勢が徹底されている。この点が、顧客と共に新製品を創り上げる「共創」や、トラブル発生時の迅速で誠実な対応で信頼を獲得していくサービス・リカバリーにつながっている。

二つ目は「多能工」である。慢性的な人手不足である町工場では、部課制が取られていたとしても、部門横断的なスキルを身に付ける多能工化が進みやすい。営業は営業スキルのみではなく製造現場を理解し、製造は製造スキルのみではなく営業現場を理解することになる。その結果、前川製作所では、「担当に確認してみないとわからない」という発言は極端に少なく、営業と製造が対立したり、平行線をたどったりするような事態も生じにくい。多能工的な人材だからこそ、社外に対しては提案能力が高く、社内に対しては相互に共感を持って議論できるのである。

三つ目は「ユーザー感覚」である。直接的な顧客のニーズを満たすのは当然として、さらに一歩進んで「顧客の取引先」のニーズをも満たそうとする。そうしたニーズを充足する鍵として、同社ではユーザー感覚を重要視している。自社製品を最終的に利用してくれる人々の内側に入り込み、困っていること、解決したいことを自分事化しながら組織内で共有していく。この姿勢を製品開発に反映させることで、同社の標榜する「無競争」を実現する画期的な新製品が生み出されるのである。

四つ目は「恥の文化」である。メンツやプライドといった言葉に置き換えることもできるだろう。無理難題とも思える顧客からの声を耳にしたとき、「できません」や「社へ持ち帰って検討してみます」といったネガティブな受け答えはしない。「できるはずです」や「チャレンジします」というポジティブな反応を示すことが、前川製作所の企業文化として根付いている。最初から諦めたり、簡単に可能性の芽を潰したりすることは「恥」である、という意識が組織内に深く浸透している。

五つ目は「自前主義」である。これは、ものづくり単体における自己完結性ではなく、製造、パッケージ化、施工やメインテナンスといった総合的な機能における自己完結性を意味してい

図1-2 ▶「町工場のDNA」を構成する5つの要素

① 顧客に寄り添う

▶ 第3章「プロダクトアウトの限界に打ち勝つ」

② 多能工

▶ 第3章「プロダクトアウトの限界に打ち勝つ」

③ ユーザー感覚

▶ 第4章「顧客の取引先と結びつく」

④ 恥の文化

▶ 第7章「知識を身体化させる」

⑤ 自前主義

▶ 第7章「知識を身体化させる」

出典：筆者作成。

る。新工場設立時に、土地整備から工場建設までのすべてを自前で行ったという逸話があるように、前川製作所には、「製造に限らず、できることは自社で何でもやる」という意味での自前主義が根付いている。このDNAは近視眼的な罠からの回避に結びついており、氷屋や冷凍機メーカーなどにとどまることなく、事業を拡大させることの推進力となっている。近視眼的な罠とは、物事を目に映っている現象としてのみ捉え、その背景や奥に存在している本質を見落としてしまうことである。マーケティングでは、マーケティング・マイオピアとして知られている（Levitt 1960）。

町工場の時代に形作られ、現在に受け継がれている前川製作所の「町工場のＤＮＡ」を構成する五つの要素は図１－２のとおりである。五つの要素によって生み出されている、前川製作所の組織としてのユニークさは、後述の章で掘り下げていこう。

註

（1）２０１７年１月時点。
（2）１９５７年における電気冷蔵庫の普及率はわずか２・８％だったが、１９６５年には68・7％にまで上昇した（秋葉原電気街振興会ホームページ参照）。
（3）同社社内資料より。
（4）同社社内資料より。

第2章

「脱皮」によって成長する

前川正雄（現、顧問）が好んで用いる言葉の一つに「脱皮」がある。一般的に、脱皮という言葉には、「進歩・発展するために、旧習や古い考え方を捨てること（大辞林第三版）」といった意味がある。通常、我々が用いるのは、昆虫やヘビなどが成長するときに外皮がはがれる場合である。脱皮の意味合いは動物によって一様ではないが、セミのように脱皮の前後で体の構造が著しく変化し、活動空間や食べ物が一変する場合もある。

一方、前川正雄が用いる脱皮には、組織の文化を更新し、新たな製品で新しい顧客を対象としたビジネスを展開して、成長を遂げていくといった意味を有している。前川正雄によると、「組織を同じ姿で成長させてきたのではない。過去の姿や取り組みを捨て去りながら成長させてきた」。前川製作所の発展への歩みは複数回の「脱皮」によるものであり、前川正雄とのヒアリングを通じて、浮かび上がってきた前川製作所の基本的姿勢の一つである。

最初の脱皮は製氷業への参入である。創業から6年をへて、前川製作所はそれまで行っていた冷凍機の輸入および設置業務から、製氷業へと乗り出した。この製氷業としての大きな成功が、その後の躍進に向けての原動力となった。

二度目の脱皮は、製氷業から冷凍機メーカーへの事業拡大である。氷の販売業者が、ハイテク装置の製造業者に転身するという大きな変化である。冷凍機メーカーとして、ものづくりの文化を新たに創り出し、製氷業とは全く異なる製品を製造し、新たな顧客を開拓していった。この二つ目の脱皮がもたらした変革は、今なお同社の礎となっている。

これらに続く三度目の脱皮が、独立法人制（以後、独法制）である。1984年の開始から2007年の一社化までの23年間、前川製作所は組織構造をドラスティックに変革した。これにより、組織文化は大きく変化し、新たな製品が次々と生み出されていった。前川製作所のメンバーにヒアリングをすると、年代に関係なく、「独法」あるいは「独法時代」の話が必ず出てくる。独法制は、現在の同社を語る上で欠くことのできないキーワードなのである。本章では、三度目の脱皮である独法制に焦点を当てるとともに、「脱皮成長」という新たな成長戦略の枠組みを提示する。

▼「独法制」とは

一般的な大企業と同様に、前川製作所でも社員数の増加に伴って、1961年より部課制を導入していった。同時に、本社が支社・支店を中央集権的に管理するピラミッド型組織へと変化していった。しかし、分業によって生産性の向上を図ろうとする部課制やピラミッド型組織は、特に国内においては多品種少量生産で一点物を造ることを得意としてきた同社のビジネス、働き方、風土には合わなかった。社内はギクシャクとして部門間の風通しが悪くなり、情報共有と意思決定が遅れ、作業効率も生産性も、仕事に対するやりがいや満足感も低下してしまった。

1971年から83年までの事業部制・ブロック制・部課制に取って替わり、1984年から独法制が開始された。独法制には、福岡や長崎、鹿児島といった地域ごとに独法化させる「エリア独法」と、鶏肉加工装置といった事業内容ごとに独法化させる「市場独法」があった。本社は独法全体のサービス機関と位置づけられ、100名程度の社員が各独法に情報提供、コンサルテーション、技術支援を行った。各独法の株式はすべて本社が持ち、100%子会社として本社に売上高の5%のロイヤリティを支払う形式が取られていた。各独法の社員は、すべてが本社からの出向扱いとなっており、一律の給料体系でマネジメントされた。

新たな事業アイデアが出てくると、そのために新たな独法を作ることもあった。例えば、九州の鹿児島営業所が独法化したあと、さらに、そこからチキングループとミートグループが分かれて独法化し、チキングループの取り組みから食品産業ロボットである鶏もも肉の自動脱骨機「トリダス」が1994年に誕生した（トリダスについては第4章で詳しく述べる）。

こうした専門化した独法を含め、国内には、北海道ブロック5社、東北ブロック8社、関東ブロック11社、首都圏ブロックおよびスタッフブロック19社、サービス産業ブロック3社、中部ブロック9社、関西ブロック5社、中国・四国ブロック7社、九州ブロック7社の計74社が作られた。

独法制の背景と成果

前川製作所が独法化を推進した背景には、多くの企業と同様に、オイルショックとドルショックによる収益性の悪化があった。加えて、社員および組織メンバーとしての意識改革を図り、シビアなビジネス感覚や危機意識を高めたいという狙いもあった。独法化すると、それまで各部門の長に過ぎなかった30代や40代の者が、中小企業の社長として経営責任を持って仕事をしなければならない。すると、経理や資金繰りまでを考慮したビジネス感覚が必要となり、経営者としてのマインドが磨かれていく。営業先の社長と話す際には、同じ目線でビジネスについて語れるようにもなる。

以前から、前川製作所は積極性や能動性を推奨する企業文化を有しており、「失敗してもいいから、まずはやってみろ」という雰囲気があった。しかし同時に、「失敗してもいい」に甘んじる嫌いもあった。たとえ億単位の損失を出したとしても、個人的な責任を追及されることはなく、「いい勉強をさせてもらった」で済ませるケースが通例であった。「失敗」という結果よりも、「挑戦」という意欲が高く評価されていたからである。そのため、「自分の会社を、自分自身で何とかしなければならない」状況に全社員を追い込む独法制は、挑戦に対する意欲を残しながらも、組織のメンバーに当事者意識と結果責任を持たせる上で極めて有効に働いた。

前述したメキシコへの進出においても、現場主義の体制で成功をおさめており、独法化への決断を後押しした。メキシコでは、社員一人ひとりができることは何でも取り組んだ。営業活動で持ち帰った市場情報について全員で検討、市場の全体像を共有し、その上で、各人が自身の得意分野で力を発揮していた。メキシコにおける小規模化と権限委譲による成功体験は、日本国内においては独法という形で広がったのである。

「ものづくりにおける質は、機械や設備に依存したシステムから生まれるのではない。市場と関係している人間集団の中からしか生まれてこない」とする当時の前川正雄社長(現、顧問)の信念のもと、独法は推し進められた。「会社が変わったのだから、社員も変われ」と、常に能動性と危機意識が求められるようになった。開発チームに対する海外での研究によると、開発チームの集団的自律性、つまり自治が進むと、メンバー間でのより密接な情報交換が進み、協働的な取り組みも進むことが知られている(Ende and Wijnberg 2003)。それぞれの独法は、まさしく「同じ釜の飯を食う」運命共同体の中小企業として必死になった。

企画、設計、開発、営業、サービス等のすべての業務を一つのチームで行わなければならないため、ヒト・もの・金・情報・技術といった経営資源は常に不足していた。市場競争に勝ち残るべく必死の企業努力が続けられ、独法内はもちろんのこと、独法間でも活発に意見交換がなされた。他ブロックや本社を巻き込んだりする形のプロジェクトの進め方も積極的に行われた。

「市場ニーズに組織を合わせて、ものを造る」という新たな価値観のもと、現場最優先で、極めて自由度の高い働き方が定着した。冷凍ビジネスを軸に食品、ケミカル、エネルギーといった領域へと事業を拡大できたのは、前川製作所が独法へ乗り出したことの産物といえる。同社の究極的な目標として掲げられている、競合となる類似製品が存在しない非競争製品の創出、つまり「無競争」を目指そうとする考え方も、この頃から本格化していった。前川製作所の独法制は、共創や知識の身体化といった前川製作所を特徴づける他の概念にも結びついており、我々がこの会社について語るとき、決して避けて通ることのできないトピックの一つとなっている。

▼再び一社化へ

2000年頃になるとグローバル化の流れが加速し、より高い次元で顧客課題に応える提案能力が求められるようになる。一つの独法では対応しきれない大きな案件やリスクを伴う案件の増加である。メインテナンス対応に割く人員不足から事業化を諦めるケースや、「独法とはいえ、同じ前川さんでしょう」と顧客から各地の独法で一律の対応を求められるケースも増えてきた。

こうした背景を受け、独法から再び一社化しようという動きが強まっていった。別の視点からは、100名を超える社長を輩出したことにより、新たな文化が前川製作所内にしっかりと浸透し、独法制はその役割を終えたという見方もできるだろう。2004年頃から一社化の準備が始められ、九州でいえば、福岡、長崎、鹿児島、宮崎、沖縄の五つのエリア独法を前川九州総研と前川九州システムサービスの二つに集約し、その後に一社化するといった段階を踏んで進められた。そして2007年、全独法を本社に吸収し、現在の前川製作所が生まれた。

組織の再編成が検討される一方で、同社の製品開発の動きは鈍ることがなかった。2001年には電力会社との共同開発で空気熱源型CO_2給湯機「業務用エコキュートunimo（製品名：以下、ユニモ）」を開発し、広島の温泉施設に納入した。2003年にはNEDO[1]のエネルギー使用合理化技術戦略的開発事業を受託して、超低温における自然冷媒の実用化に向けて空気冷媒システム「PascalAir（製品名：以下、パスカルエア）」の開発に着手し、5年後の2008年に1号機を納入した。

2007年、レシプロ圧縮機の製造をすべて守谷工場からメキシコ工場に移管し、守谷はスクリュー圧縮機の専用工場となった。また、新たにCB工場[2]を建設し、スクリュー圧縮機の量産態勢が整えられた。2008年には、アンモニア冷媒でIPM（Interior Permanent Magnet）モーターを搭載した世界初の高効率自然冷媒冷凍機「ニュートン」を開発し、これは現在の同社における主力製品の一つとなっている（ニュートンについては、第3章で取り上げる）。

1960年には社員数200名程度の中小企業だった前川製作所は、独法時代を経て再び一社化し、現在では国内だけでも社員数が約2500人、海外でも約2000人の大企業へと成長している。[3]

独法制の遺産

三度目の脱皮である独法制が、現在の前川製作所に残したものは少なくない。独法の文化とは、まさに中小企業としての文化である。大企業には大企業のメリットがあり、中小企業には中小企業のメリットがある。中小企業のメリットが常に大企業のメリットを上回るわけではないが、組織が大きくなり大企業へと成長するとともに、組織は階層的な構造となり、中小企業のメリットは失われていく。前川製作所では徹底した独法制の導入により、中小企業のメリットを大企業の中に企業文化として根付かせることに成功した。独法制によって、大企業である前川製作所に根付いた遺産として、我々は次の六つに注目した。

第一は、多角化成長である。経営層はもちろん、独法の現場を経験した多くの者が、「独法がなければ共創は生まれず、マエカワは産冷で終わっていた」と断言する（「共創」については、第3章で取り上げる）。つまり、「前川製作所は産業用冷凍・冷蔵装置の会社である」という考えに縛られ、飛躍的な成長への軌道に乗れなかったはずだというのである。

独法時代の各法人は、いわば「今日明日の飯を食うために、何でもやらなければならない」状態に置かれていた。産業用冷凍・冷蔵装置の需要を待っているわけにはいかず、待っている暇があれば、顧客やさらにその先の取引先にまで出掛けて困りごとを尋ねた。そして、彼らの困りごとから新たな「飯の種」を探す日々だった。冷凍機を納めていた食品工場の取引先の困りごとを聞くなかで、トリダスのような自動化装置が誕生した。同社社員たちがよく口にする「お客さんに引っ張られて、新しい市場に入っていく」という言葉どおり、顧客の声に応じて新たなビジネスに乗り出していったのである。その積み重ねが、冷凍を軸としながらも食品、ケミカル、エネルギーなどを手掛ける会社へと成長させていった。

第二は、多能工化である。これは町工場のＤＮＡそのものである。人員の限られた独法では、さまざまな専門部署を設置する余裕などない。自分でできることを増やし、やれることは何でもやる、という姿勢が当たり前のものとして身に付いていった。

第三は、スピード感である。独法時代の同社は、ビジネスの種を見つけたら、その都度、事業化に必要なチームを編成していった。社内のキーマンを見つけ、直接コンタクトを取り、最短ルートで事業を進めていく。この「問題解決のたぐり寄せが早い」という取り組みのスタイルは、一社化した今なお受け継がれている（詳しくは、第6章）。

第四は、経営者意識である。独法化することによって、それまでは前川製作所という「大企業の管理職」と、取引先の「中小企業の経営者」だった顧客との関係が、お互いに「中小企業の経営者」に変わった。経営に対する責任を有するという点で、共感や信頼の幅を大きく広げることができ、相手の困りごとに対してより実感を持てるようになった。

第五は、当事者マインドである。一般的に、組織が大きくなるにつれて、自分自身が組織内でどれだけの役割を果たしているのか、責任を有しているのかが見えにくくなる。自分一人のミスや手抜きがあったところで、会社全体では痛くもかゆくもない。こうした油断や甘えが生じやすい。しかし独法という中小企業では、そうはいかない。「挑戦してみました」だけでは許されない。「結果に結びつく挑戦」が求められ、当事者として責任を持った仕事が行われるようになる。独法当時の前川製作所に対して、当時のメンバーは「まず数字を出すことが半分、もう半分はチャレンジ精神」が評価される組織文化になっていったと振り返っている。

第六は、運命共同体の意識である。この点は、当事者マインドと通じるものがある。自分一人の貢献（ミス）が、仲間に、そして会社全体にどれだけの利益（損害）を与えることになるかを強烈に意識しながら働く。組織としての単位が小さくなることにより、「生業」としての感覚が根付いていった。ひとたび危機に直面すれば、一致団結して、死に物狂いで乗り越えようとする経験が繰り返された。とりわけ、海外の独法ではこうした意識が強かったという。タイでのビジネスを経験した高橋は「国内はいざという時には親（本社）がいるが、海外はいざという時も自前なので、危機感がちがう。まさに、現地での自己完結型マネジメントだった」と振り返る。

海外における自己完結型マネジメントの風土は、一社化以降も根付いている。ベルギーやフランスでビジネスの最前線に立ち、欧州代表を務めた前川真（現、代表取締役社長）は、現地法人が自前で生き抜く力を持っていることについて、次のように述べている。

「海外ビジネスの現場で、本社の顔色を気にしながらビジネスをしている者はいない。誰も本社は見ていない。たとえ本社がなくなったとしても、海外はビクともしない」。

▼「脱皮成長」が示す新たな成長マトリクス

前川製作所は、三度にわたる脱皮、つまり、「製氷業への参入」、「製氷業から冷凍機メーカーへの事業拡大」、「独法制の導入」を通じて成長を続けてきた。そしてすでに、四度目の脱皮である「ニュートンによる量産品展開」を果たしている。ニュートンについては第3章の中心的なトピックとして取り上げることになるが、これまでの前川製作所の高品質・高価格帯製品におけるビジネスは、顧客に寄り添い、セミ・オーダーもしくは完全オーダー対応による「一点もの」のビジネスだった。前川正雄(現、顧問)による「前川はすべて一品料理」という言葉があるように、料理の種類や調理方法は多様化をしていたが、手づくり品として対応する姿勢は一貫していた。

独法時代から一社化へ向けての過渡期に製品開発が行われ、2008年に本格市場導入されたニュートンは、同社として初めて、高品質・高価格帯の製品ゾーンにおける「標準品」として規格量産に乗り出した戦略製品である。ニュートンは国内展開のみならずグローバル展開が進められており、同じく量産品であるユニモ（空気熱源型CO_2給湯機）も市場投入を開始している。この四度目の脱皮により、前川製作所の組織文化は更新され、新規顧客開拓が進められている。そして現在、五度目の脱皮を模索している。

町工場的な気質は残しつつも、企業文化を更新し、扱う製品も顧客も変えてきた。全く別物になるわけではないが、過去の成功体験に固執せずに、脱皮を続けている。これまで成長戦略の議論において、本書で論じてきたような脱皮による成長の論理は正面から検討されることはなかった。

組織の成長や変化については、いくつかの枠組みで整理することができる。最もよく知られているのが、アンゾフによる成長マトリクスである（Ansoff 1957）。製品と顧客という変数に注目することにより、企業の成長の方向性を単純化して整理している。極めて明快な枠組みであるが、文化的な視点は全く加味されておらず、脱皮の考え方とはかなり距離がある。また、ラディカルとインクリメンタルに二分されることの多い組織変革という視点に立つならば、組織の変化のプロセスや組織文化の変革について論じることもできる（Plowman et al. 2007; 小沢 2015）。

表2-1 ▸ 各枠組みで注目される要素

	顧客	製品	ビジネスモデル	文化
成長マトリクス	○	○		
組織変革				○
ホワイトスペース戦略	○	○	○	
脱皮	○	○	○	○

出典：筆者作成。

しかし、取り上げられている変数が組織文化に偏っており、前川製作所に見られるような「脱皮」を適切に説明することはできない。

ビジネスモデルという変数を取り入れたホワイトスペース戦略の枠組みも知られている(Johnson 2010)。ホワイトスペース戦略によると、既存の組織では適合できないビジネス・チャンスに対して、従来とは異なる方法、つまり新しいビジネスモデルで価値を提供しようとする。新たなビジネスモデルを採用して、従来と異なる製品を新たな顧客に提供するというものである。しかし、ホワイトスペース戦略の枠組みでは、組織文化という変数が取り入れられておらず、やはり前川製作所の脱皮を適切に説明することはできない。前川製作所の「脱皮」とは、「組織の文化を更新し、新たな製品で新しい顧客を対象として、新しいビジネスモデ

表2-2 ▶ 新たな成長マトリクス

	既存の製品・顧客	新しい製品・顧客
新しい組織文化	変革成長	脱皮成長
既存の組織文化	単純成長	新製品開発 市場開拓 多角化成長

出典：筆者作成。

ルで成長を遂げること」である。表2－1は上記の考え方を整理したものである。

前川製作所に対するヒアリングによって、組織文化を変え、顧客と製品をも変える「脱皮成長」という枠組みを導出することができた。そして、アンゾフの成長マトリクスなど過去の枠組みをもとに、新たな枠組みを考えてみた。成長マトリクスでは、製品と市場という二軸を採用し、既存製品による既存市場での成長を市場浸透、既存製品による新市場での成長を市場開拓、新製品による既存市場での成長を新製品開発、新製品による新市場での成長を多角化と定義している。それに対して我々は、組織文化の切り口を取り入れ、表2－2のような成長マトリクスを描き出した。

左下のセルは、既存の組織文化を変更することなく、既存の製品と顧客で成長を求めようとする単純成長である。これは既存製品で既存市場のシェア拡大を狙う市場浸透と同じ成長ベクトルと考えてよいだろう。次に右下のセルは、既存の組織文化のままではあるが、新たな製品で新規顧客の開拓を進めようとする新製品開発、市場開拓、そして多角化成長である。

マトリクスの上半分の成長では、新しい組織文化という視点による説明が試みられている。左上のセルは、製品や顧客の変更はないが、組織文化を新しくすることで成長を目指そうとする変革成長である。経営不振に陥った企業が、外部からトップを迎え、経営を一新するという事例は少なくない。あるいは、同業の二社が合併することで、新しい組織文化が形作られ、成長を遂げたという事例も知られている。変革成長というベクトルが組み込まれている点は、我々の成長マトリクスの特徴になっている。

そして右上のセルが、組織文化を新しくし、新たな製品で新たな顧客をターゲットとする脱皮成長である。脱皮成長が実現されると、多くの場合、ビジネスモデルも刷新される。まさに、前川製作所が繰り返してきた成長パターンである。組織文化を変え、製品を変え、顧客を変えて成長を図る。変化を恐れずに、過去の成功体験への執着を捨てることによって実現できる成長戦略と言えるだろう。

▼脱皮成長への道

前川製作所の事例から明らかなように、脱皮成長を遂げた組織には飛躍的な成長が期待できる。しかし、新しい文化を取り入れ、新規の顧客と製品を取り扱うには大きなリスクや障害が予想される。文化も顧客も製品もビジネスモデルも新しくするということは、幼虫から脱皮して成虫に変身するセミのごとく、新たな生命体(組織)に生まれ変わるようなものである。そこで、脱皮を推し進めるための道のりについて考えておく必要がある。

一つは、異質な製品と顧客に乗り出すことをきっかけとした脱皮成長である。ただし、異質なビジネスではあっても、まったく未知の世界ではないことが重要となる。自社のコア・コンピタンスを利用できる領域であったり、バリュー・チェーンの川上あるいは川下であったり、といった既存領域との関連性は欠くべきではない。「既存の土俵」をもとにして「もう一つの土俵」を創るイメージである。

前川製作所の冷凍機製造事業への脱皮を例に考えてみよう。それまでの同社は製氷事業において、ローテクの消費財であり、購入頻度の極めて高い「氷」を製品としていた。新たに参入

表2-3 ▶ 脱皮成長への2つのルート

	既存の製品・顧客	新しい製品・顧客
新しい組織文化	変革成長	② 脱皮成長 ①
既存の組織文化	単純成長	新製品開発 市場開拓 多角化成長

出典：筆者作成。

した冷凍機事業で取り扱うようになったのは、ハイテク機器の耐久財であり、繰り返し利用される「冷凍機」である。これだけ大きな変化を伴って、製品と顧客を切り替えていくには、営業担当者や製造担当者はもちろん、財務担当者など皆が働く上での意識を変える必要がある。意識の変化は、組織文化の変革を導く。今日のビジネスを見ると、同じ製造業であっても消費財メーカーと生産財メーカーでは組織や文化は大きく異なるし、同じ金融業でも保険と証券では、組織や文化は大きく異なる。

前川製作所の第一の脱皮（輸入・設置業から製氷業へ）、第二の脱皮（製氷業から冷凍機製造事業へ）は、まず製品と顧客を新しくすることで、続いて組織文化の更新に導かれて脱皮成長を遂げるという表2−3の①のルートと考えられる。同社で第四の脱皮として位置づけられているニュートンによる脱皮も、同様のルートに乗ったものとなる。ニュートンによる脱皮は、これまでの一点もの専業から、量産品による事業への挑戦と捉えることができる。

同じ冷凍機であっても、カスタマイズと標準品では製造プロセスも営業プロセスも、まったく異質である。洋服や靴も時代をさかのぼれば、一点ものから量産品へと移っていった。冷凍機においても、一点ものや受注生産品を中心に扱ってきた企業から、ニュートンやユニモといった戦略製品を軸として量産品を取り扱う企業へと、同社は組織全体の脱皮を図っている最中である。

もう一つは、表2−3の②のルートをたどる、組織文化の組み換えをきっかけとした脱皮成長である。同社は、第三の脱皮として独法制を導入した。大きな組織が小さな単位に分割されれば、予算も意思決定も情報も、根本から変わらざるを得ない。同社はこの独法制をテコに、各独法が新しい製品や顧客に目を向けるようになり、新たな脱皮に成功した。組織文化の刷新のきっかけとしては他に、外部からの経営者の招聘や、株式上場あるいは上場取り下げ、企業合併などがあげられるだろう。

脱皮成長は大きなリスクや障害を伴うが、ビジネスにおいても組織においても、新たな企業に生まれ変わり、新たな成長を遂げていくための成長戦略である。表面的な刷新や小手先の改革では、中長期的な成長をもはや見込むことができない。飛躍の必要性を感じている企業にとって、脱皮成長はまさしく生まれ変わるきっかけとなりえる成長戦略である。多くの市場が成熟化し、しかもコモディティ化が進むなか、脱皮成長という選択肢を真剣に検討してみるべき日本企業は少なくないはずである。

註

(1) NEDOは、New Energy and Industrial Technology Development Organizationの頭文字をとったもので、国立研究開発法人新エネルギー・産業技術総合開発機構を指す。
(2) CBは、Compressor Blockの略称。圧縮機製造工場はCB工場と呼ばれている。
(3) 2017年1月時点。

第 Ⅱ 部

ものづくり

第3章

プロダクトアウトの限界に打ち勝つ
——ニュートン

スーパーマーケットに並ぶ野菜、魚介、肉は、生産地から冷凍または冷蔵して届けられることで新鮮さが保たれる。このコールドチェーン（低温物流）の実現には産業用冷却装置が不可欠であり、我々消費者の食卓は冷却装置によって支えられている。コールドチェーンの国内主要プレーヤーの一人であるA物流の巨大物流センターでは、農畜産物や水産物、冷凍野菜などが冷凍保存されている。荷さばき場は摂氏5度に保たれ、センター内は保管物に応じた温度にコントロールされている。例えば、マグロの保管部屋はマイナス摂氏60度に保たれており、鼻で呼吸することができない程の極寒の空間になっている。この物流センターを冷却しているのが前川製作所の冷凍機「ニュートン」であり、5階建ての巨大な施設を8台のニュートンで冷やしている。ここでは、2015年2月から環境省の補助金を活用して、センター全体の設備をニュートンに切り替えた。以前と比較して、設備の導入台数は10台から8台へ削減され、省ス

図3-1 ▸ ニュートンの外観

写真提供：株式会社前川製作所。

ペースを実現するとともに、20～25％の電気代削減を実現している。

冷凍・冷蔵機の冷媒には、長らくフロンが用いられてきた。しかし、オゾン層の破壊と地球温暖化を招くという理由から脱フロンが進められ、現在では自然冷媒による冷凍・冷蔵機へシフトしてきている[1]。主な自然冷媒としては空気、水、二酸化炭素、炭化水素系、そしてアンモニアの五つがある[2]。これらのなかで、アンモニアは広範囲の温度帯に対応でき、効率の良い冷媒である。反面、毒性と可燃性があり、取り扱いが難しい冷媒としても知られている。

前川製作所では、このアンモニア冷媒を用いて、世界初のアンモニア専用高効率IPMモーター[3]を搭載し、高性能コンプレッサーを組み合わせることで従来よりも20％以上の省エネを実現した、ニュートンを2008年に市場投入した（図3－1）。投入から9年が経った現在でも強力なライバル製品は出てきておらず、専用生産ラインを立ち上げた2013年に掲げた販売目標を大きく上回り、普及拡大に成功している。そして、国内市場および海外市場における更なる普及拡大に取り組んでいる。本章では、前川製作所を四度目の「脱皮」へと導くニュートンの事例について掘り下げ、その成功要因について考察する。

▼どこにもないものを創れ

ニュートンの開発のきっかけは、ベテラン技術者が抱いた問題意識だった。2005年当時、前川製作所では「国内市場は飽和状態にあり、これからは海外への注力を強めていく」という方針が強まっていたが、50代の技術者5名がこの方針に疑問を投じた。「まだ国内でできるこ

図3-2 ▸ニュートン開発プロジェクトのメンバー構成

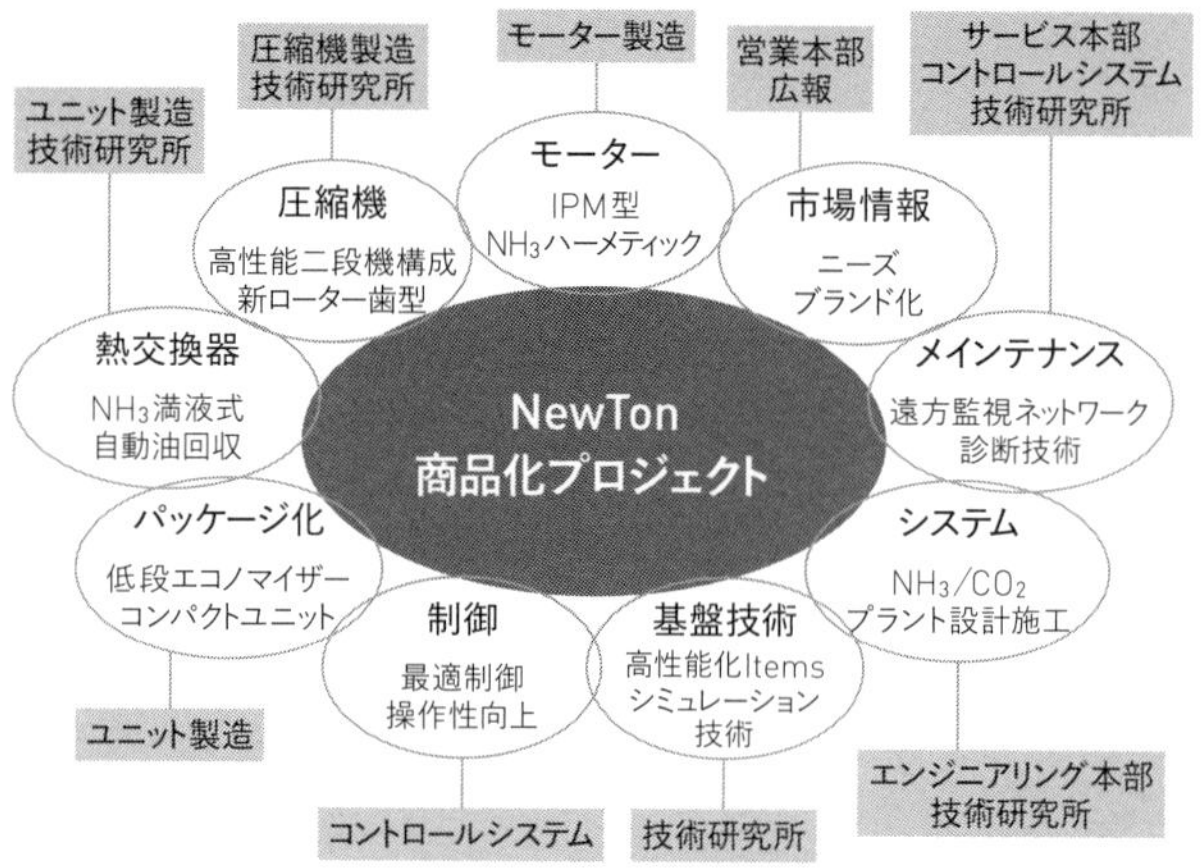

出典：株式会社前川製作所、社内資料を基に筆者作成。

とがあるのではないか」、「新しいものを創れば国内での仕事が生まれるのではないか」というのである。そこで彼らは、全国の事業所を回って営業部門と意見交換をしたが、具体的な製品アイデアは出てこなかった。まず自分たち製造部門が製品のイメージを提示すれば、営業部門も批判や評価ができるだろうと考えた。5人の技術者たちは、「自分たちができる限りの最高の製品を造ってから再度問いかけよう」という結論に至った。自社で使える新技術はすべて採用し、圧倒的な製品力を有する製品の実現が目指されたのだ。

技術の棚卸をしていくなかで注目したのが、アンモニア冷媒による冷蔵倉庫向け専用機の開発だった。当時はフロン最盛期であり、「前川が力を入れる領域ではない」、「多くの企業が手掛けている分野は、前川がやる必要はない」と反対の声があがった。製品のコモディティ化が進んでおり、価格競争に陥る可能性の高い市場であったためである。しかし、「前川の成長を支えてきた事業である冷蔵倉庫関連ビジネスを再生させたい」という強い思いのもとに、プロジェクトが立ち上げられた。

プロジェクトには、圧縮機製造部門やユニット製造部門、モーター製造部門、技術研究所などから集まった製造・開発部門のメンバーと、営業本部や広報のメンバーなど、総勢30名程のキーマンたちが集結した。営業からの「たとえ高くてもいい。どこにもないものを創れ。俺たちが売ってやる」という声に背中を押され、2006年から本格始動した（図3－2）。中心となったベテラン技術者が各部門のリーダーに「空いた時間に手伝ってくれ」と声をかけて回り、皆が自身の業務と兼務して「面白そうだから加わってみよう」という感覚で参加していった。

▼顧客と共に進める製品開発

月に一、二度の議論が行われ、そこで取り上げられた新技術について、要素実験と確認実験が繰り返された。この取り組みからニュートンの各要素が形作られていったが、特にゼロから自前で開発したIPM型モーターは、技術者の意地と矜持の産物だといえる。自然冷媒を推奨する環境省の「先進技術を利用した省エネ型自然冷媒機器促進事業」による競争的資金を獲得できたことも追い風となり、「社会に求められている製品だ」という思いとともに更に開発が進められた。

顧客側からの期待も大きく、日本水産株式会社は「我が社がニュートン実用化のための実験台になろう」と、試作機の開発段階から発注するほどだった。その発注に応じて2008年、第1号機が製造された。しかし、この第1号機は試作機の域を出ておらず、納入後にたびたび故障などのトラブルが発生した。トラブルが発生するたびにプロジェクト・メンバーにはメールが回り、営業担当者やメインテナンス担当者は幾度となく対応に迫られた。もちろん、土日出勤も珍しくはなかった。最初に納入された3台のうち2台は、わずか1年で入れ替えることになった。

トラブルに対するメインテナンスは、品質が安定するまで無償で行われた。「現場で改良改善して、完成させてもらう」という気概で、通常は1年間という無償メインテナンス期間を約3年にまで拡張し、顧客の負担を最小限に抑える努力が行われた。2008年から2010年の間に生産された初期型には未完成な部分があったが、迅速なメインテナンス対応とフィードバックによる製品改良を重ねていくことで、ニュートンの品質と性能は飛躍的に向上していった。前川製作所はニュートンを顧客のもとで、顧客とともに完成させ、さらに改良していくという手段をとったのである。

この「顧客との改良」を通じて、当初20%を目標としていた省エネ効果は、倉庫の形状によっては40%にまで引き上げられた。ニュートンの大きな省エネ効果は、2010年頃には顧客のクチコミで業界内に広まっていた。さらに、2011年から発売された改良モデルは、ほとんどトラブルが生じない装置に生まれ変わっていた。そして2013年、「ニュートンはこれからの前川製作所の柱の一つとなる」という考えのもと、専用生産ラインが立ち上げられた。従来までは部品ごとに別ラインで製造する分業制だったが、専用ラインでモーター、圧縮機、熱交換器、制御盤、艤装、試運転を一貫して実施できる体制が整えられた。専用ラインの立ち上げは、ニュートンを全社的な重点製品にしていくという意思決定の現れであるとともに、同社のビジネスモデルを将来的に変化させていくことの示唆でもあった。

ニュートンの機能面における特徴として、圧倒的な省エネ性能と環境対応能力があげられる。そして、これまでの前川製作所における高品質・高価格帯製品が基本的に受注生産であったのに対して、ニュートンは標準品生産であり、同社のビジネスモデルの変革を意味していた。また、標準品化することによって部品の共通化と調整の簡素化が進み、施工時の工期短縮が実現した。さらに、冷媒としては優れているが毒性のあるアンモニア冷媒を使用しているので、設置現場での組み立てではなく自社工場で一つのパッケージとして生産することにより、高い信頼性と安全性を担保している点もあげられる。

一般的な冷凍設備は、圧縮機、熱交換機、制御機器類を現場に設置して配管工事でシステムを造り上げていく現場施工型であるのに対して、ニュートンは工場で冷凍サイクルを完成させ、試運転までしてから出荷するという工場生産型となっている。万が一のアンモニア漏洩リスクに備え、アンモニア冷媒は機械室のみで用いて、建物内の配管には二酸化炭素を用いる二次冷媒の仕組みも高く評価されている。24時間の遠方監視ネットワークを立ち上げており、故障が発生してからの対応ではなく、「予知保全」を実現するサービスも同社として初めて本格的に導入した。

国内では大手顧客への普及が進み、販売台数を順調に伸ばし、2016年までに850台以上が納入されている。現時点で、年間販売台数の目標は、2013年当初の200台から1・75倍に引き上げられ年間350台となっている。また、性能の向上、使いやすさの改善、サイズの縮小を継続的に行っており、製品の競争優位性を保っている。用途も冷蔵倉庫用から、物流センター、低温保管庫、フリーザー、急速凍結庫、真空凍結乾燥、アイススケートリンク、製氷プラント、工場空調へと拡大している。

▼ニュートンのビジネスモデル

ニュートンは、省エネ性能や安全性といった機能面での競争優位性が際立っているが、代替フロンを用いた他社製品と比べて倍の価格となっている。ランニングコストが20〜40%安いとはいえ、大きなイニシャルコストの負担が敬遠される中で、なぜこれだけ高額な製品が飛ぶように売れているのだろうか。導入企業に対する環境省からの補助金は無視できないが、同社のビジネスモデルにまで踏み込んで検討する必要がある。国からの補助金はさまざまな事業領域で実施されているが、補助金があるからといって、皆が喜んで受け入れるとは限らない。顧客のニーズに合致していなければ長続きはしない。

多くの冷凍機メーカーが冷凍機を製造して売るだけのビジネスをしているのに対して、前川製作所は製造した製品を他の冷凍倉庫用装置と組み合わせてパッケージ化し、さらに施工とメインテナンスまでをすべて手掛ける、プラント受注のビジネスモデルを採用している。製造、パッケージ化、施工、メインテナンスを一貫して行うため、プラント受注のなかで特定製品の価格差をある程度吸収し、トータルコストを抑えることができる。また、一社による一貫した活動に対して、エンドユーザーは安心感と信頼感という付加価値を感じる。つまりニュートンの成功は、機能面における卓越した優越性とともに、プラント受注というビジネスモデルに裏打ちされた営業部門による提案能力が背景となっている。

▼グローバル市場への展開

ニュートンの開発のきっかけは国内市場の再評価にあり、日本市場の基準に合わせた製品開発が出発点となっていたため、当初はグローバル展開を考えていなかった。しかし、「日本で確立した技術を世界に問う」、「ニュートンの技術がガラパゴスでないことを確認したい」という思いのもと、2014年からグローバル展開がスタートした。アジアではすでに納入が進み、北米でも着実に契約が増えていっている。欧州や南米への展開も控えており、10年後には、守谷工場で400台、ベルギーのブリュッセル工場で200台、アメリカのナッシュビル工場で200台を生産し、年間計800台のニュートンを全世界で販売する目標が立てられている。

ニュートンの省エネ性能、環境対応能力、安全性は世界共通で評価されている。しかし、国内外における前川製作所のビジネスモデルの違いは、グローバル展開において障害になると考えられる。国内ではプラント受注というトータル対応が可能だが、海外ではあくまで冷凍機メーカーとして、各地域の施工会社に製品を供給するというビジネスモデルを採用せざるを得ない。アジアやコロンビア、チリ、ペルー、ブラジルといった南米の国々など有力な施工会社が少ない地域では、自ら施工に携わることもあるが、アメリカ、カナダ、オーストラリア、欧州といった地域では多くの場合、冷凍機メーカーという役割に限定されている。そのため、ニュートンのグローバル市場への展開は、日本国内同様のビジネスモデルの通用する国では順調だが、そうでない地域では顧客がイニシャルコストの高さだけを判断基準としないようなビジネスモデルの構築が課題となっている。

顧客との共創

一般的に、製造業者側の視点で開発された製品を顧客に売り込んでいくプロダクトアウトは失敗に陥りやすい。生産者の自己満足、技術への過信、良いものを造れば売れるはずであるという誤解、などが生じやすいためである。そのためマーケティングでは、プロダクトアウトではなく、まず顧客のニーズをしっかりと把握して、製品開発に反映させるというマーケットインが重要視されてきた。

前川製作所のニュートンは、プロダクトアウトによってもたらされた製品でありながら、上述の負の要因に打ち勝ち、著しい成功を収めている。ニュートンがプロダクトアウトの限界に打ち勝った背景とはいったい何だろうか。マーケティングを学んだことのある者であれば、当然、その部分についての謎に光を当ててみたくなる。我々は、前川製作所が標榜する「共創」

図3-3 ▸ 守谷工場に飾られている「共創」の文字

写真提供：株式会社前川製作所。

というマインドが重要な鍵になっていると考えた。

「共創」という言葉を聞くと、多くの人は、特定企業が顧客と共にブランド価値を高めたり、新製品開発を行ったりする取り組みを思い浮かべるだろう。しかし、前川製作所では、こうした取り組みが出てくる以前から「共創」を掲げている。守谷工場の入口に足を踏み入れると、凍結鋳型で製造されたその文字を目にすることができる（図3－3）[4]。同社の共創とはどのようなものだろうか。

ニュートンの事例から、我々は二つの共創に注目した。まず一つ目は、顧客との共創である。といっても、単に顧客と共同で製品開発をしたわけではない。ニュートン開発のプロジェクト・マネージャーである浅野（現、常務取締役）の言葉を借りれば、「客先で完成させた」という意味である。この意味での共創を実現させた要因は、メインテナンス対応をテスト・マーケティングとして捉える柔軟な発想と、顧客との確固たる信頼関係である。

ニュートンは当初、多くのトラブルを抱えた製品だった。故障が相次いだ市場投入初期段階で、その後の事業化を早期に見直すという選択肢もあった。あるいは一度、顧客先から製品を回収して、自社内で完成度を高めてから改めて顧客に納めるという選択肢もあったはずである。しかし同社は、納入から品質が安定するまでの約3年間をテスト・マーケティング期間として捉え、発生したメインテナンス費用は製品開発コストとして顧客には請求しないという方針を選んだ。

トラブルが発生すると、営業部門とメインテナンス部門は顧客先へと出向き、誠実に対応することにより、顧客からの信頼維持をはかった。製造部門は営業とメインテナンスから報告のあったトラブルの原因を解明して、ひたすら製品の改良を続けた。彼らの献身性が、顧客との共創を実現させたことは疑いない。

以上で述べてきたような「納めるときは70～80点で良い、客先で100点にする」といった発想は、まさに我々が考える顧客との共創の特徴である。開発段階でアイデアや意見を顧客に求める発想とは明らかに異なっていることがわかるだろう（増田・恩藏 2011）。大久保・西川（2017）が研究対象としているような、イノベーション・コミュニティという場を設けて、製品開発段階におけるユーザーの積極的な参加を促し、ユーザー・イノベーションを導出していくような共創と、前川製作所が実践する共創は、意味するものが異なる。前川製作所の商品化実行センターの深野は、「現場にしか真実はない」と言い切る。

一方で、試作品であることを理解し、繰り返しのトラブルを受け入れてくれたパートナーともいえる顧客の存在も忘れてはならない。前川製作所の社員たちは頻繁に、「自社がすごいというよりも、自社に付き合ってくれた顧客がすごい」、「半完成品でも受け入れてくれるお客様はすごい」と口にする。ある種、「絆」と呼べるような強固な信頼関係を構築している顧客について、同社では「共創的顧客」と呼んでおり、関係のさらなる深化に努めている。本事例において、メインテナンス対応を誤っていれば、また、「我が社が実験台になろう」と言って挑戦を応援してくれるほど顧客との強固な信頼関係が欠けていたならば、ニュートンの現在の成功はありえなかったはずである。

ニュートンのブランド・プロモーションでは、2頭のイルカが用いられている。この2頭のイルカは前川製作所と顧客を表し、両者が寄り添い、共に歩んでいくメッセージが込められている。顧客との共創を象徴するブランド・イメージである。

▼営業との共創

二つ目に共創は、営業との共創である。営業に求められる役割は、かつて重視されていた売り込み型営業や御用聞き型営業から、顧客に新たな価値を提供する提案型営業へとシフトしている。マーケティング研究においても、提案型営業の類型化、有効な提案型営業を進めるうえでの前提条件、提案型営業と成果との関係等に関する研究が進められてきた(嶋口 1997; 清宮 2012)。

社内における営業の立ち位置に目を向けると、営業部門と製造部門が対立するケースが少なくない。新製品開発の際、営業と製造のコミュニケーションが不足した結果、製造は造りたいものを造り、営業は出来上がった製品を見て「こんな高いものを造られても売れない」、「もっと顧客の好みを踏まえてほしい」と文句を言う。顧客価値の創造に対して、営業と製造が共に向き合う場合よりも、製造は独走もしくは孤立してしまう方が現実には多いようである。

本事例における営業メンバーは、プロジェクトの開始段階から開発に加わり、定例会議すべてに参加していた。当初から、営業メンバーは製品化に対して製造メンバーと同等の責任を持ち、悩みを共有し、プロジェクトのメンバーは部門に関係なく一体感を有していた。当時、プロジェクト・マネージャーだった浅野は、「これまでとコンセプトの異なる機械だから、きっと顧客に受け入れてもらえる」という予感を感じていた。製造が技術的な壁にぶつかった時には、営業が「この製品ができたら、どれだけ市場にインパクトがあるのか」について顧客にリサーチし、技術的な壁を越えられればどうなるのかを製造に具体的に示した。

「製造がどれだけ準備をして、満を持して開発した製品なのか」、そして「トラブル対応と製品改良にどれだけ真摯に向き合い続けたか」を知っているからこそ、営業は「何としても売ってやろう」と思えた。本事例における営業は、プラント受注というビジネスモデルの優位性を活かした提案型営業を行う販売機能に加えて、顧客のニーズや本音のリサーチ機能、そして、市場情報を製造と共有するコミュニケーション機能、といった幅広い役割を果たしている。つまり、プロダクトアウトでスタートしたニュートンではあるが、開発の途中段階で何度となく営業によるチェック機能が働き、製造部門の暴走や自己満足に陥ることのない仕組みが出来上がっていったのである。

前川製作所では、全社員が入社後3年間は守谷工場で、ひと通り自社製品について把握する。工場での扱いは、文科系も技術系も区別されない。特に独法時代は、中小企業であるがゆえに慢性的な人手不足で、営業であっても資材発注や機器の試運転などができなければならなかった。そのため同社の営業は、図面作成、設計、見積、発注、サービスに関して、スペシャリストではなくともゼネラリストとして知見を有している。営業と製造のコミュニケーションにおいて、「共通言語」を持った状態が整えられているからこそ、営業と製造が思いを共有し、ゼネラリスト化した営業が多能工的な役割を果たすことで共創が実現したのである。

前川製作所の専務取締役である重岡は、自社の人材について「部分のスペシャリストはどの会社にも大勢いるが、彼らは全体を見ることができない。我が社の人材は、タコツボ化せずに、全体を俯瞰できるゼネラリストである」と説明している。これは、技術者に限った話ではない。同社の営業担当者は、営業のスペシャリストであると同時に、製造・サービスをも扱えるゼネラリストでもある。もしも営業担当者が営業のことしか知らず、技術的な知見を有していないならば、顧客からの要望に対してその場では判断できず、社に持ち帰って検討するプロセスが発生してしまう。それでは、前川製作所の強みの一つである迅速な意思決定は損なわれてしま

図3-4 ▸ プロダクトアウトに打ち勝つ2つの共創

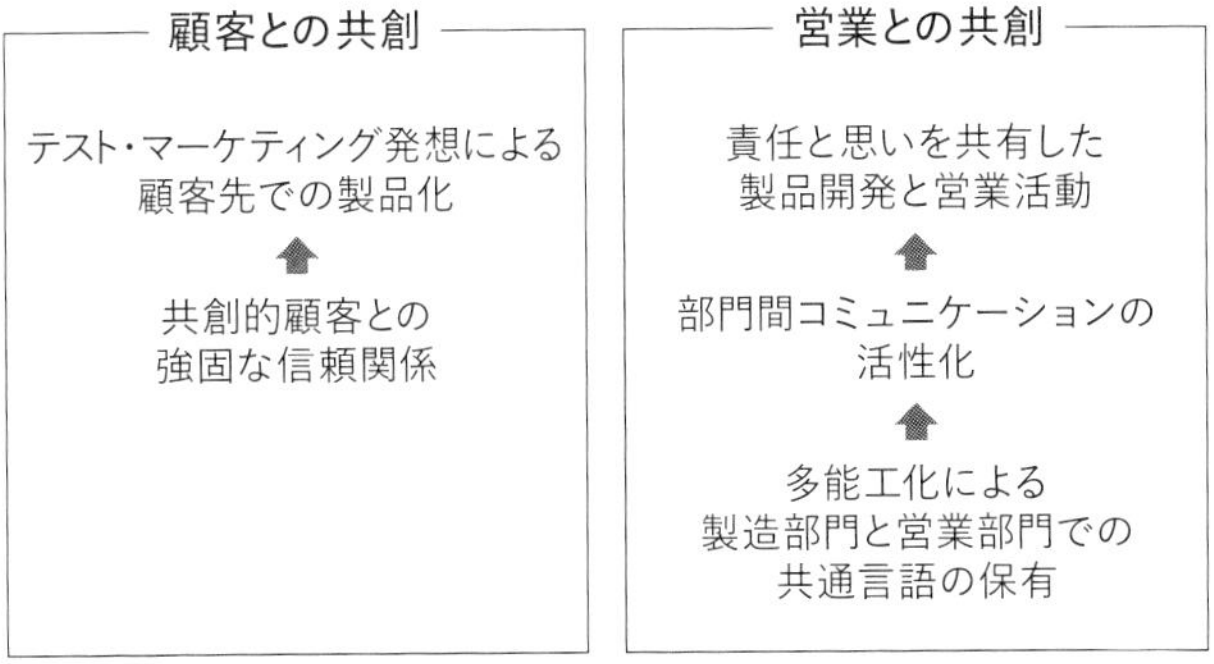

出典：筆者作成。

う。本章で論じてきた前川製作所の共創の特徴は、図3-4に示されている。

技術的にいかに優れた製品でも、価値の伝達方法や説得方法が適切でなければ、大きな成果には結びつかない。ビジネスの2本柱として知られているイノベーションとマーケティングが、まさに両輪として機能しなければ成功は難しい。わが国製造業における今日の苦境は、多くの場合が技術力で競争に敗れているのではなく、マーケティングによる敗北である。

わが国製造業の技術力は今なお世界に誇れる水準であり、マーケティング次第でグローバル競争でも勝ち続けられる。前川製作所のニュートンの事例は、多くの日本製造業に対して、共創という貴重なヒントを示しているとともに、自信と希望を与えてくれるはずである。

註

(1) モントリオール議定書およびオゾン層保護法に基づき、フロン冷媒HCFC(ハイドロクロロフルオロカーボン)類は、2015年1月1日から生産を6割削減、2020年1月1日から生産ゼロ化となる(一般社団法人日本冷凍空調工業会ホームページ参照)。

(2) 前川製作所では、地球環境に優しい五つの自然冷媒を、冷凍、空調、給湯の分野に積極的に用いていく取り組み「Natural Five」を進めている。

(3) Interior Permanent Magnet Synchronous Motor(永久磁石内蔵型同期モーター)。

(4) 「共創」の文字は、前川正雄の直筆を型取り、凍結鋳型によって造られた鋳物で、2006年から守谷工場に飾られている。

第4章

顧客の取引先と結びつく
――トリダス

▼「雑音」からニーズを拾いあげる

顧客との間に信頼関係を築き、本音を言い合える仲になって真のニーズを引き出す。それは理想的だが、現実には取引先の一つ一つと深い信頼関係を築くことは時間的、人的制約から難しい。企業の規模が大きくなり、効率性を重視し、また社内ローテーションによる短期間での担当者変更が加わると、フェイス・トゥー・フェイスによる個人レベルでの関係構築は省かれていきやすい。まず会社間という組織レベルでの関係構築があって、それを前提として、担当者同士が会話をしてビジネスを行う、という方がよほど現実を映している。

ある大手メーカーでは、営業の働き方を監視しているという。営業先での滞在時間はどの程度か、営業先以外での不要な駐車がないかどうか、運転の仕方が丁寧かどうか(急発進、急停止の回数)といった項目を、社員の評価に組み込んでいる。こうした営業プロセスの合理化やデータ管理の推進には、それなりの根拠もあるし、成果はコスト削減などの数字となって表れやすい。しかし、効率化や合理化だけでは説明しきれない営業成果が見落とされてしまう危険性がある。

グローバル企業である前川製作所では、現在でもなお、中小企業のように組織よりも個の人的ネットワークで仕事が生まれる傾向が強い。顧客から特定の社員に直接相談を持ちかけられ、個人を起点としてプロジェクトが動き出す。同社にはそうした例が少なくない。例えば、冷凍食品の自動製造・パッケージング機やホタテ貝剥き自動化装置は、冷凍機を納める担当者が現場に張り付き、顧客と家族的な関係を構築していく中で、雑談からこぼれ落ちてきた本音を拾い上げて製品化につながった。

社内企画でスタートしたプロジェクトであっても、組織があまり整備されていない中小企業のように、当該プロジェクトのメンバーは興味を持ちそうな人に直接話しを持ちかける。まずは部長に話を通し、部から人を送ってもらうような段階は経ずに、個人に直接アプローチするのである。そして、時間が空いたときに手伝ってもらう感覚で、人を集めていく。第3章で見てきたニュートンの開発は、その好例である。

同社では人と人との接点をビジネスの起点とする意識が非常に強い。顧客との何気ない会話のなかから顧客の不満や課題を聞き分け、絞り込み、それに対する解決策をもたらす。顧客とのそうしたやりとりを前川製作所では「雑音」と称している。雑音について、同社顧問の前川正雄は次のように述べている。

最先端のニーズは言葉にならず、絵にも描けない。大手企業が扱う顧客情報やデータのようなものではなく、我が社では雑音と呼んでいる。抽象的であるが、香りや匂いのようなものである。顧客自身ですら実態が掴めていないような最先端のニーズに対してアンテナを張り、「何か気になる」、「感じる」というレベルで拾い上げる。その際に、一般的な大企業のように数値化して、社内プロジェクトの立ち上げの説得をするような手間とプロセスは、マエカワでは不要である。共同体として、客側に立って市場を見て、考え、一緒に感じる。一緒に考える。そして一緒に創る。外（顧客）に入りこんで、内（マエカワ）を見ることで初めて気づく。

こうした、顧客の不安や不満情報を察して、実像化し、製品化するプロセスは独法時代に生まれた風土で、中小企業ならではのものだろう。お客さまに引っ張られて、新しい市場に入っていく。つまり、最先端のニーズを市場と一緒に開発していく。これを繰り返すことで成長を続けてこられた。管理型組織であったら実現していないプロジェクトが多く、社員個々が「やってみたい」と思うことにチャレンジできる共同体組織だからこそ、雑音に応えることができている。

同社では、顧客と密接に関わり、雑音を聞き取り、きめ細かな対応を徹底している。その結果として、オーダーメイド対応となることも多く、また短期的な利益は度外視で「顧客のために創る」、「顧客とともに創る」という姿勢を貫いている。徹底した顧客志向と共創の概念が社内に浸透していることによって、前川製作所では雑音を単なる雑音で終わらせないのである。「事業化は二の次に近くて、大儲けしてやろうと思って始めていない。客の声に応えることに、1番の喜びを感じる」と同社の社員たちは語っている。多くの企業が大企業化する過程で、どこからか削ぎ落ちていってしまう「雑音を拾うプロセス」を、前川製作所は現在でもなお持ち続けている。この「雑音」から真のニーズを拾い上げた成功事例として、鶏もも肉脱骨機「トリダス」（図4－1）の事例を見ていこう。

図4-1 ▶トリダスの外観

写真提供：株式会社前川製作所、社内資料。

▼顧客の取引先と結びつく

前川製作所が得意としている冷却装置や空調といった製品は、製造企業から物流会社や食品メーカーに納品されるが、一般に両者の間には設計事務所、ゼネコン、プラント施工会社が介在する。製造企業が納品先と直接的なコンタクトを有することは少なく、設計事務所などがコーディネーター役を果たし、冷却装置や空調はプラントや施設における装置の一つとして扱われる。設計事務所やゼネコンは大きな壁となって存在しており、冷却装置や空調の製造会社が顧客の先に位置する物流会社や食品メーカーと直接的に意見交換をする機会は稀である。

そうした業界特性があるなか、前川製作所は「共創」をキーワードとして掲げ、顧客の取引先となる物流会社や食品メーカーとダイレクトに結びつくことで、新たな価値の創造を実現し、大きな成果を上げてきた。「技術、製造、販売の各部門と、お客様、お客様の市場、時代環境などが有機的に結びついた世界が私たちの活動する場」として捉えているからである（前川製作所 2015a）。そうした場において、各社、各人が有している感覚を擦り合わせながら共有し、自社の可能性について掘り下げていけば、独自の価値が生まれる。このような流れは前川製作所の文化であり、持ち味となっており、他社との競争に巻き込まれない立場を築く上で役立っている。

前川製作所のメンバーと話していると、「共創」や「無競争」、「棲み分け」といった言葉が頻繁に出てくる。受注産業として仕事を受けるという発想ではなく、顧客の先に位置するプレイヤーに目を向け、実際に顧客の取引先と濃密な接点を有することで、新たな価値を生み出すとともに、競合他社との明確な棲み分けを実現しているのである。

鶏もも肉の全自動脱骨ロボット「トリダス」の開発は、顧客やその先の取引先との強固な結びつきを有する前川製作所であるからこそ実現したヒット製品である。トリダスの開発責任者となっていた兒玉(現、取締役)から、我々は開発の経緯や苦労についての話を伺う機会を得た。前川製作所の主力製品である冷凍機にとって、食品業界は最も大切な納入先であり、実に約8割が食品業界であるという。そうしたこともあり、前川製作所は競合他社にとっては顧客の取引先に当たる食品企業の工場に出向き、日頃から彼らの夢ともぼやきとも取れるような雑音を耳にしていた。「お客さまの中に入り込み、その工場を現場にして発想する」という開発ポリシーを有している。大変な脱骨作業を何とかしたいという声は、このようにして吸い上げられた。

▼鶏もも肉全自動脱骨機の開発のきっかけと挫折

トリダスが開発されるまで、鶏もも肉の脱骨作業は100%人手に頼っており、作業員にとっては肉体的に大変な作業であった。長時間にわたり効率よく脱骨作業を行うのは容易ではなく、脱骨作業を長年にわたり続けていると、腱鞘炎になってしまう作業員も大勢いた。大変な作業であり、従事者の健康に悪影響があることが分かっていながら、「そういうものだから、仕方ない」と長い間ずっと我慢されてきた作業工程と言える。

少子高齢化が進み、将来的に労働力不足が問題視されているわが国において、鶏もも肉の脱骨作業に対する疑問が抱かれ始めていた。そうした折、「マエカワは立派な冷凍機をつくるのだから、その技術を応用すれば将来的に、うちの会社を全自動化できるのではないか」といった声を聞いていた（前川製作所 2015b）。フリーザーを納めていた鶏肉加工工場の工場長から相談を受けた萬本（現、審議役）は、当時社長だった前川正雄に直接相談を持ち掛けた。そして「食品機械、食品ロボットを次の事業の一つにしよう」とGOサインをもらい、すぐに動き始めた。1980年に顧客の声から始まった開発は、当初わずか3名、それも同社で最年少のグループの手で始められ、1号機となる「モモエちゃん」の誕生に約7年を要した。

だが、開発ストーリーは、これで終わりではない。むしろ、1号機の誕生から始まる進化のストーリーの方がはるかに長い。苦心の末に誕生した「モモエちゃん」は、ユーザーの期待に応えることができず、失敗に終わってしまった。開発された1号機は確かに脱骨機ではあったが、依然として人の手を必要としており、ブロイラー工場が期待していた全自動化されたロボットとはほど遠いものであった。「やり方を知らない素人が造ったもの」、「機械的には面白いけど、現場にはいらない」という低い評価を受けてしまった。この最初のモデルはカッターによって肉を切り離すという仕組みになっており、処理速度は人手とそれほど大きな違いはなく、カッターは15分で刃こぼれしてしまった（藤原 2012）。

脱骨機の開発を希望していた工場長の一人は、次のようなコメントをしている。「確かに良い機械だが、これでは使えない。第一の理由として、機械を簡単に洗浄できないこと。第二の理由として、機械が複雑なため簡単にメインテナンスできないこと。第三の理由として、工場長にとって自社の工場でこの機械が動いているイメージが描けないこと、である。」これ以上続けても実用化の目処が立たないという理由で、モモエちゃん開発プロジェクトは中断となった。

▼開発の再開とトリダスの誕生

鶏もも肉自動脱骨機の開発は止まっていたが、顧客側の期待は依然として残っていた。営業先で尋ねられる「あの脱骨機はどうなったのだ」という声が消えることはなかった。市場は製品化を待ち続けてくれていたのである。開発の再開に当たり児玉が加わり、鹿児島県のブロイラー工場に従事者として入り込み、餌やりから加工まで一連の作業を観察し、自ら作業を経験した。児玉は鶏肉工場に通い、来る日も来る日も鶏ももをさばいていた。仮に前川製作所を退社しても、ブロイラー工場で雇ってもらえるというほど、児玉は脱骨作業の腕を上げていた。そうした作業の中で、肉と骨を切るのではなく、切れ目を入れてから引き剥がせばうまくいくだろう、という発想に辿り着いた。

当時のことを振りかえり、次のような発言がある。「工作機械メーカーは、ふつう肉と骨を切り分けることを考える。トリダスの1号機もそうだった。生産技術を機械化する、そのことの意味が分かっていなかった。現場で職人さんのワークを見て、実際どうしているかを見ようとした。最初、包丁で切っていたと思っていた。ところが、引き剥がしていたのだ。そこにミソがあった。これはふつうの機械では出来ないな」と、ハッとした。

顧客の根強い声に応えて、1990年に再び開発が佐久工場でスタートした。一度失敗したプロジェクトを再開するにあたっては、「今度は失敗できない、本当にできるのか」、「自己満足の機械にならないためには、どうすべきか」と社内で協議が重ねられた。再び、「造ったけど、売れない」はできない。協議の末、「何としてでも、ユーザーの声に応えたい」という思いを胸に、意を決して開発が再開された。

開発プロセスにおいて、次のステップへ進む際、「ユーザーにとって本当に、これで良いのか。これがうまく行けば、導入する意思があるのか」についてその都度、確認しながらステップが進められた。過去に開発した製品が、ユーザーから「求めている物とイメージが違う、使えない」と指摘され、営業部門から「開発メンバーの判断で造ったから、売れない製品に仕上がった」という苦言を聞いていたからである。モモエちゃんは5号機まで進化が進み、ロボットと呼ぶことのできるレベルにまで完成度を高め、1994年に名称も「トリダス」に変えられて市場導入された。すると、九州、関東、そして北米の大手チキン会社などが早速購入した。トリダスでは、鶏の足のくるぶし部分を金属製のアームに引っ掛けて、足首の筋をカットして肉を剥がし取るという仕組みが出来あがった（図4－2）。

図4-2 ▸トリダスが鶏肉をさばいていく様子

出典：株式会社前川製作所、社内資料。

鶏の足が大きかったり小さかったり、あるいは少し曲がっていたりすると、当初は肉を取り残していた。しかしセンサーを取り入れることにより、そうした個体差に対応できる仕様へとトリダスは進化し、うまく肉が剝がれないなどといったミス率は、当初、15％ほどであったが5％程度にまで改善された。しかも、熟練した作業員による手作業の75％という歩留まりよりも高い、85％ほどの歩留まりを実現できた。手作業の場合、まれに骨が混入することもあったが、トリダスでは骨が混入することもない。トリダス1台で、職人4人分の作業量をこなすことができ、いかに効率よく脱骨作業が進められるかがわかる。

国内にブロイラー工場を有する約30社を佐久工場に招き、トリダス発表会を開催した。すると、参加者たちから、「この脱骨方法は理にかなっている」といった高評価の声が上がった。競合他社による脱骨機の発表がすでに行われていたが、評価は高いものでなく、機械脱骨に対する潜在顧客の満足度は低水準にとどまっていた。トリダスのプレゼンテーションでは、肉の品質、歩留りともに参加者の期待以上の結果であり、参加者たちは「直感的に、これなら使える。人手と同等であることに感動した」などの声を発した。「期待を超えて、感動が伝わる」瞬間だったという。

▼トリダスの進化と普及

その後もトリダスの進化は続く。2002年にトリダスマークⅡの開発がスタートし、2004年に市場導入された。トリダスはブロイラー工場から大いに歓迎され、1996年にはわずか100台だったトリダスシリーズの出荷台数は、2006年には500台、2016年には1600台を突破している。販売台数のほぼ半数は海外市場において実現しており、前川製作所にとっては新しいビジネスの柱として育っている。特に欧州では、社内で「トリダス景気」と呼ばれるほどに好調である。同社では、「お客さんに絡んで仕事をしていると成長する。レベルも高くなる。人が育ちながら技術も育てていく。それが前川製作所のやり方だ」といった意識を高めている。

トリダスの成功は、それだけにとどまらない。鶏肉という大きさや硬さが微妙に異なる物体を扱えるロボットの技術を蓄積し、画像データ処理のノウハウも学ぶことにより、他の部位の処理ロボット開発事業へと乗り出していった。鶏の胸肉脱骨工程を自動化するイールダス3000の開発である。トリダスでの経験により、機械にセットするだけで、鶏の個体差に対応して肩筋入れ、ササミ取りを行い、むね肉、手羽、ササミ、がら、に分離できる。前川製作所が培ってきた脱骨技術で、むね肉、ササミは、人手と同等の形状、歩留りを実現している。

食肉加工は鶏肉だけではない。豚肉加工ロボットについても、6年をかけて開発を進めていった。肉と背骨を分離するハムダス−RXであり、職人ならではの手わざに近い処理を実現している。不可能といわれた筋入れの自動化を世界で初めて実現し、もも部位の除骨作業における60%を処理できるようになった。全長測定することにより個体差に対応してカットするので、高い歩留りを実現できる。しかも、まな板を使用しておらず、防水仕様でもあるので、洗浄面や衛生面にも優れた自動除骨ロボットとなっている。

▼顧客の取引先のニーズを満たす

企業にとって顧客志向が重要であることは周知だが、直接の取引相手である顧客だけでなく、その先にいる取引相手、つまり顧客の取引先にまで目を向けてニーズの探索と実現に努めることの重要性は大きい。特に、顧客の取引先が一般消費者ではないB to B市場において、この顧客の取引先がもたらすメリットの重要性に対する認識は十分に広がっていない。顧客の取引先と結びつくことがもたらすメリットには、主に以下の3点があげられる。

第一に、顧客の取引先に目を向けることで、彼らのリクエストや支持を得て、自社の顧客つまり買い手の交渉力を弱められる点である。かつてインテルは、「インテル入ってる」のキャンペーンを実施し、認知度の低い一部品メーカーから、一般消費者にまで認知される存在になった。消費者は、パソコンにインテルのロゴシールが貼られていることにより、安心感や信頼感を得るようになり、パソコン選択時におけるリクエストや支持に結びついた。同様に、テルモの「痛くない注射針」という文言で知られる注射針、ナノパスシリーズがある。糖尿病患者のインスリン注射における痛みの低減のために、極限的な針の細さを追求したこの製品は、医療機器にもかかわらず、患者から病院への指名買いが続いている。

かつて、マイケル・ポーターが提唱した、業界の収益性を規定する五つの競争要因の一つに、「買い手の交渉力」がある。注文量が多くて、交渉能力が高く、ブランド意識が低いような場合、買い手の交渉力が高まり、自社にとって当該業界の魅力は低下しやすいという指摘である(Poter 1980)。ところが、買い手の先に位置する取引先を味方につけることができれば買い手におけるブランド意識を高めるとともに、自社に対する買い手のコミットメントやロイヤルティを引き上げ、他の取引先へのスイッチングを思いとどめさせることができる。また、価格面での交渉においても、買い手の取引先が発する声は、自社にとって有利に働いてくれるはずである。

第二に、顧客の取引先と結びつくことで、自社製品や自社技術に関するニーズや課題を直接吸い上げられるようになり、新たなビジネスの創造が導かれる。部品メーカーや素材メーカーにとって、直接の取引相手に目を向けて、彼らの声に耳を傾けることは当然である。取引先のシステムや製品の中に自社製品を効率良く組み込んでもらい、最終提供物の完成度の引き上げに貢献できるからである。しかし、自社のブランド価値を引き上げたり、提供価値そのものを刷新したりするような情報が、取引先である顧客から効率良く入手できる期待は小さい。取引先は、個々の部品や原材料よりも、最終提供物全体の価値向上に関心を持っており、部品や原材料の価格の引き下げには熱心でも、それぞれの価値向上や革新にいちいち気を配ることは少ないためである。

自社製品の価値の引き上げや革新を目指すのであれば、自社の顧客の先に位置する取引先と結びつく必要がある。最終提供物の利用者は、システムや製品を全体として評価するだけでなく、日々の製品使用において、個々の部品や原材料にも目を向けて評価する。現在の提供物に対して不満を抱いている場合には、その課題や悩みが、自社の価値向上と変革に対するヒントになる。最終ユーザーが求めているものの本質を理解することで、新たなビジネスへの気づきが生まれる。

第三に、顧客の取引先と結びつくことは、業界構造に抜本的な改革をもたらし、再構築を導く可能性がある。例えば、自社ビジネスを取り巻く価値連鎖において、従来とは異なるプレーヤーが主導権や発言力を有するようになる。あるいは、当然と思われてきた価値連鎖の順番が入れ替わったり、構造が変わったりする。提示された製品やサービスの中から選んで受け入れるだけだった立場の者が、自らのニーズや課題について発言し、それを叶えてもらえると気づく。そして、その発言を支持するプレーヤーが登場したら、従来の価値連鎖における役割や力関係の均衡が崩れていくだろう。

そのため、顧客の取引先と結びつくことの意義は、単に既存ビジネスにおける競争優位性の獲得や戦略性の追求にとどまらず、組織のビジョンやミッションを刷新させることにも結びつく。業界構造の変革に成功すれば、既存のルールを打破したり、価値連鎖内での主導権を掌握したりすることも可能になる。

部品メーカーや素材メーカーは、伝統的に品質面や機能面でのレベルアップを競い、それによる競争優位の実現を目指してきた。ところが、製品やサービスのコモディティ化によって差別化が困難になり、多くの場合、コスト面での競争に巻き込まれ、高い収益性を維持できなくなっている。顧客の取引先と結びつくことは、こうした苦境に対する一つの打開策となる可能性がある。

▼ニーズの実現に不可欠な姿勢

顧客の取引先と結びついても、ニーズを掘り出し、拾い上げることができなければ、ビジネス・チャンスにはならない。雑音の中からニーズを拾い上げるために、求められる姿勢として次の二つがあげられる。

一つは、マーケティング・マイオピアに陥らない発想である。前川製作所はもともと冷凍機の製造・販売を行う企業であり、トリダスのような食品加工ロボットの生産とは程遠い存在であった。しかし、同社は顧客の取引先との何気ない会話、雑音のなかからニーズを見つけると、その時点における自社の事業領域から飛び出ても、彼らの要望に応えようとする姿勢が根付いている。その結果、個別のオーダーメイド対応で終わってしまう案件も少なくないが、トリダスのように大きな事業として育っていくものもある。

現在の提供物ではなく、顧客の課題に目を向け、耳を傾けるという発想は、マーケティング・マイオピアに陥らない上での要であり、この発想は同社の基本姿勢なのである（Levitt 1960）。同社の社員たちは、『仕様書に書けること』以上の本音を聞きだす力が強い」、「相手もうまく言えないようなニーズを汲み取って、形にすることができる」と自負している。

もう一つには、顕在化しているニーズへの対応である。顕在化したニーズはすでに満たされているとして、今日のマーケティングでは潜在的なニーズの探索に重点が置かれている。しかし、本当に顕在ニーズを満たしつくしているだろうか。市場の常識、業界の常識、あるいは自社の常識として見過ごされているにすぎず、実は、何らかのハードルを越えたり、関係者の意識を変えたりすることによって、大きなビジネス・チャンスへと結びつく（恩藏 2017）。チキンの加工工場で、鶏もも肉の脱骨作業の苦労話を聞いたときに、「それは、そういうものだから仕方ない」という考えが優先していたならば、トリダスを生み出すことはできなかった。「仕方ない」、「当たり前だ」、「我慢すればいい」、「無理だ」、「常識だ」といった考えがはびこっていたならば、ニーズはニーズと気づかれることなく、ビジネスとして日の目を見ることもない。

糖尿病にかかった子供たちが毎日のインスリン注射に泣いている姿を見て、「注射は痛いものだから、仕方ないんだ」と担当者が思っていたら、テルモのナノパスシリーズは誕生しなかった。顧客（病院、医者）の顧客（患者）の声に応えて、痛くない注射針を作れないか、とテルモが考えたことで、注射針の製造方法を一から見直して、極限的な細さを追求したナノパスシリーズが開発された。コモディティ化が進む注射針市場にあって、「注射が痛い」という明らかな課題に応えるナノパスは、2005年の発売から約7年で累計生産本数10億本を突破し、売上ベースでも、2007年に10億円、2010年に20億円、2013年に30億円を突破し、2016年には60億円にまで伸びると予想されている（新宅 2015）。このように顕在化しているが見過ごされてきたニーズへの着目は、大きな成果へと結びつく可能性がある。

▼顧客の取引先との結びつき方

顧客の取引先と結びつくことによって成功したトリダスの事例を見てきたが、顧客の取引先とはどのように結びつくことができるのだろうか。結びつき方によって、その後の競争環境や業界構造は大きな影響を受ける可能性がある。我々は、以下の四つの結びつき方について整理してみた（図4－3）。

まず一つ目に、従来の顧客を介することなく、その先の顧客と直接交渉をする直接交渉型がある。前川製作所が得意とする結びつき方は直接交渉型であり、トリダスもこのパターンに該当する。二つ目は、顧客とともに、その先の取引先へアプローチする顧客包含型である。前述

図4-3▶顧客の取引先との結びつき方

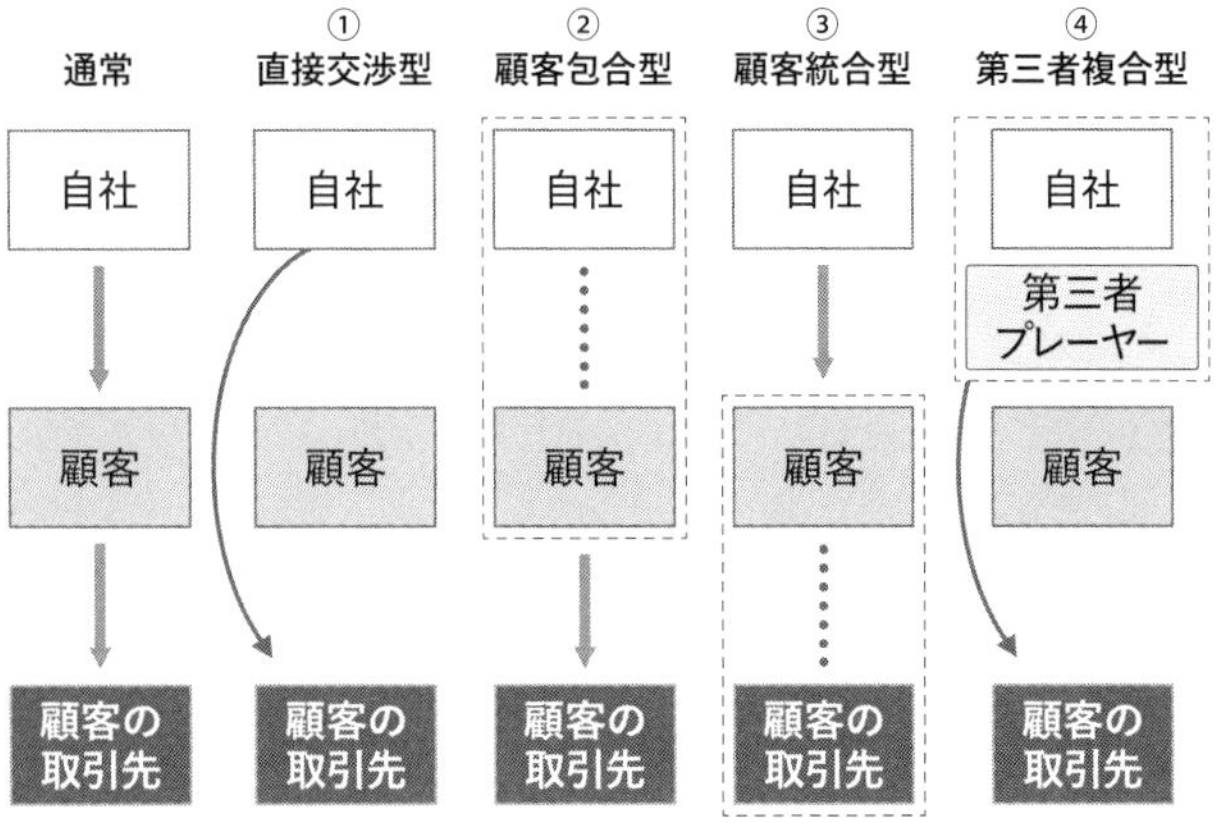

出典：筆者作成。

のテルモのナノパスは、テルモという医療機器メーカーが、顧客である病院とともに、その先の取引先である患者と結びつき、顕在ニーズを充足させた事例と考えることができる。三つ目は顧客統合型である。顧客とその先の取引先を統合して、一つの塊として捉える。そして四つ目に、第三者複合型があげられる。これは、第三者プレーヤーを巻き込んで、顧客の取引先と繋がり、新しいビジネス構造を生み出す手法である。第三者プレーヤーには、商社や他業種の企業、地方自治体、研究機関などが含まれる。第三者複合型は、ビジネス構造を変化させるという意味では、四つの結びつき方で最も発展的なものといえる。

本章では前川製作所のトリダスの事例を通じて、顧客の取引先と結びつくことによるメリットや、メリットを生み出すために必要となる姿勢、そして結びつき方について考察してきた。トリダスの事例を他社がヒントにすることで、閉塞感に満ちたビジネスの環境や構造に変革をもたらし、次の成長の一歩を踏み出すことができるはずである。

第5章

失敗を成長材料に変える

——11事例の分析を通じて

前章までで、ニュートンとトリダスという前川製作所を代表する二つの高付加価値製品の成功事例について考察してきた。成功事例からの学びは少なくなく、ビジネルの領域ではベンチマーキングとして注目されている。他社の優れた取り組み、つまりベスト・プラクティスに注目し、それを自社に取り入れるというベンチマーキングにおける対象は、同業他社にとどまることなく、異業の各社にも広げられている。実際、トヨタのカンバン方式と呼ばれる無在庫システム、ディズニーの顧客対応、P＆Gのブランド・マネジメントなどは、さまざまなビジネスからのベンチマーク対象となっている。

本書においても、前川製作所のベスト・プラクティスへの注目により、我々は新たな気づきや発見を得ることができた。そうした気づきや発見から導出された枠組みや論理については、すでに本書の各章で論じられている。しかし、前川製作所へのヒアリングを通じて、ベスト・

プラクティスの件数を遥かに上回る失敗事例についての情報が入ってきた。驚くことに、前川製作所では、そうした失敗事例に対して他者に触れられたくない経験として蓋をするのではなく、極めてオープンであり、組織として失敗事例から学ぶ仕組みが根付いている。失敗事例への対応や捉え方を通じて、前川製作所のもう一つのベスト・プラクティスが浮かび上がってきた。

本書の執筆にあたって、前川製作所より「内部の人間では気づくことのできない我が社の本質に切り込んでほしい」という要望を頂き、さまざまな視点から同社の事例についてのヒアリングをさせていただいた。事例の中には、失敗したものもあれば成功したものもある。もちろん、一時的な失敗を乗り越え、最終的に成功へと辿り着いた事例もある。また前川製作所では、一事例では失敗に終わったとしても、その後の別ビジネスで失敗を生かすなどして、一事例としては失敗でも、そのまま「失敗を失敗で終わらせない」姿勢を強く有している。失敗を経験した場合、「勉強させてもらった」とポジティブに受け止めて、組織の糧や学びとする企業文化が根付いているのだ。

本章では、ヒアリング調査から取り上げた11の事例について分析を実施している。そして、同社の失敗後における対応を4パターンに類型化し、それぞれの「失敗原因」と「学習」を整理した。同社の内部で暗黙知的に繰り返されてきた失敗への対応について、外部の目で整理を行い、外部の人々からも理解できるような情報へと置き換えている。

企業の失敗に焦点を当てた研究や考察は、以前から頻繁に取り組まれている。Hendon（1989）による書籍をはじめ、柳川（1994）、桶川（2003）、井上（2003）、高橋 他（2005）、高橋（2008）などの研究論文、日経ビジネスにおける「敗軍の将、兵を語る」シリーズや「挫折力（日経ビジネス2017年8月7・14日号）」といったビジネス誌の記事などが知られている。これら過去の考察の多くは、特定の失敗事例に光を当てたものであったり、あるいは複数社の事例をまとめて分析したものであったりしており、基本的に1社につき1事例を取り上げて考察するという構成になっている。一方、本章では前川製作所という特定企業における11の失敗事例を対象としており、1社の多岐にわたる失敗事例を包括的に分析することにより、新たな知見を導出しようと試みている。この種のアプローチは、前例がないものと思われる。多くの場合、成功事例に対するコメントは得やすいが、失敗事例に対するコメントは得にくい。担当者として、失敗については思い出したくないだろうし、会社の体面的にも表に出したくない部分である。それだけに、前川製作所による今回のヒアリングに対する全面的な協力は、これまでの失敗研究の限界を補い、失敗研究を大きく前進させることになると我々は確信している。

▼部門間のコミュニケーション不足が招く失敗

成長してきているにもかかわらず、前川製作所は多くの失敗を経験しているのではないか。我々が最初に抱いた印象である。まずは、以下の三つの事例に注目しながら、失敗の原因を考えていこう。

同社の製品に、氷蓄熱式凍結濃縮システムというものがある。事例紹介に入る前の予備知識として、「凍結濃縮」という概念について説明しておこう。水が凍るときには、さまざまな不純物を排除しようとする。例えば、北極にある氷が溶けると、海水が凍ったにもかかわらず塩分を含まない真水になる。身の回りで言えば、冬の水たまりにできる氷は、泥やゴミを含むことなく透き通ったきれいな氷となっている。水はゆっくりと時間をかけて凍結させることで、不純物を排除した氷にできあがる。この自然の浄化作用を、高度な技術と割安な夜間電力を用いて氷蓄熱(1)し、経済性の高い製品を目指したものが、同社の開発した氷蓄熱式凍結濃縮システムである。

具体的には、産業廃水をゆっくりと凍らせることにより、廃水の量を減少させようとするのである。濃縮という点では、加熱濃縮という方法もあるが、加熱濃縮では熱で物質を変容させてしまう可能性があるのに対して、凍結濃縮は物質の成分を変容させないというメリットを有している。

前川製作所では、リユース（Reuse）、リサイクル（Recycle）、リデュース（Reduce）という三つのRと結びついたニーズの探索が行われている。同社の技術開発部門がニーズの探索を行い、外部に提案営業をしていくという形で進められる。そうした中でリデュースの一つとして、関西電力と共同で進めてきたものが凍結濃縮だった。まず、メッキ工場での実証試験をクリアし、次の段階として実際の廃物処理業者と共同で、静岡に巨大なプラントを造り、10億円以上をかけたプロジェクトがスタートした。

当初は予定通りに機能していたが、日常的に利用されていく中で問題が発生した。実験段階とは異なり、業者が実際に持ち込む廃水は、温度・濃度・成分等が多種多様であり、十分に水と化学物質が分離しなかったり、分離に時間がかかりすぎたりするなどのトラブルが発生した。顧客サイドは「どんな廃水でも分離できるのだろう、話が違う」と主張し、前川製作所は「当初のスペックシートにあるものだけで対応させてほしい」といったやりとりが続いた。論点に関する規定が契約書で明確に定められていなかったこともあり、トラブルは長引いた。追加の実験や修理を施し、契約の見直しも行われたが、最終的には営業判断で同事業からの撤退が決まった。

このプロジェクトをきっかけに、廃水処理分野に進出していこうとする同社の目論見は外れた。廃水処理に関しては、大きな赤字を残したまま撤退し、現在では一切の営業を行っていない。しかし行き詰まった技術は、そのまま放置されるのではなく食品の濃縮分野へと展開された。例えば、大手食品メーカーに対して提案したジュースの濃縮がある。野菜汁や果汁は濃縮することにより容積を削減でき、輸送などにおいて大きなメリットがある。また、日本酒メーカーに対する営業提案では、通常、アルコール分16度程度の日本酒を25度程度にまで濃縮した製品の製造のために、新潟や福島を中心に氷蓄熱式凍結濃縮システムを5台売り込むことに成功した。ただし、その後、酒税法改正によって20度以上は日本酒としての販売が禁じられている。もちろん、ワインの濃縮なども試みているが、大きなビジネスには至っていない。

本事例は、一定の温度、濃度、成分の物質を凍結濃縮するという「技術は確立できたが、その市場化に失敗した」事例である。排水処理分野にこの新技術を取り入れてみたが、契約の不明瞭性に加えて、産業廃水という市場の実態を十分に理解できておらず失敗に終わっている。「担当者レベルでも全社レベルでも、現場と市場に精通できていなかった」というのが、後になっての分析結果である。加えて、ゆっくり凍らせるには大規模な冷凍装置が不可欠となり、どうしても電気代等を含めたコスト・パフォーマンスが低くなるという弱点もあった。

二つ目の事例として、植物共生細菌エンドファイトに注目してみたい。バイオ系の製品で、同社のグループ会社が運営する富士宮のゴルフ場(朝霧ジャンボリー)の芝に撒く農薬を減らしたい、と考えて開発された。日本全国の芝を採取して芝の細胞を培養したところ、無菌状態で培養しているにもかかわらず、芝の中に発生する微生物の存在を解明したのが出発点となっている。エンドファイト(Endophyte)とは、「endo = within」と「phyte = plant」をつなげた、「植物の中」という意味を持つ造語で、植物の体内に共生する多数の微生物の総称である。植物そのものが持つ免疫機能を活性化する細菌を含んでおり、これらを植物プロバイオティクス(抗生物質を表す「アンチバイオティクス」と共生を表す「プロバイオシス」をかけあわせてできた言葉で、人体や植物の内に取り込むことで体内の環境を整え、健全な生育を補助する微生物)と呼んでいる。「遺伝子を組み替える」という手法ではなく、「自然本来の力を引き出す」という手法で、病虫害に強い芝を実現しようとしたものである。

ところが、いざ販売に乗り出そうとしたとき、バブル経済が崩壊しており、メインターゲットとなるゴルフ場の数そのものが減少していた。市場が縮小を続けており再活性化も見込めず、当初の計画は頓挫することとなった。そこで、目的を減農薬農業支援へとシフトし、稲に目を向けることとなる。日本の主食である米の生産における農薬の使用を減らし、収量の安定化を図りつつ環境保全型の農業を推進することで、日本全体の食糧システムの変革に貢献できると考え、新規ターゲットに向けた開発が行われた。ところが、稲のエンドファイトに関する既存研究は存在せず、参考にできる文献もなく、手探り状態でのスタートだった。理化学研究所、農林水産省、東北大学をはじめとした多くの研究機関と協力し、産官学連携で研究開発を進めていった。

一般に農薬の効果は、「病気に効くもの」と「害虫に効くもの」に分かれるが、エンドファイトが共生した稲は、いもち病等の病気に強くなると同時に、コブノメイガ等の虫に食べられにくくなる。病気にも害虫にも強くなるのである。さらに、米の収量が増えるというメリットも発見された。ＪＡびばい等の協力を得て北海道地区での実証試験をスタートさせ、その後、美唄を中心に協議会が発足され、２００ヘクタール超の大規模な実証試験を行った。実証試験を経て市場導入されたが、ニーズの発生は稲を植える際の年一度に限られた。春先にしか売れないという課題が浮き彫りになったのである。そこで現在では、一年中ニーズが発生する大豆や玉ねぎといった複数の野菜向けベジファイターの開発を進めている。

これまでの過程を振り返り、専務取締役の川村たちは「開発ベースで進め、世のためにやってきたが、市場を十分に見ていなかった」と感じている。幾つかの失敗を乗り越え、この自然由来の共生細菌、エンドファイトを用いた食糧分野での支援事業は現在でも継続している。

三つ目の事例は、コンパウンド・スクリュー圧縮機である。昭和40年代の話である。コンパウンド・スクリュー圧縮機とは、2台の圧縮機をギアで接続して1台に納めた圧縮機である。営業から「競合がコンパウンドを出したから、すぐにうちも造れ」との号令が飛んだ。営業の掛け声に動かされる形で、設計はオリジナルだが、形状は競合製品をコピーした模倣戦略で市場投入したのが、コンパウンド・スクリュー圧縮機である。モーター1台で回し、二つのシャフトをギアでつなげた「ダルマ型」をした装置で、当時、競合製品が飛ぶように売れていたので、その流れに乗ろうと開発を急いだ。しかし、バックラッシュ(2)の設計が悪く、ギアの音が大きくなるという構造上の欠陥を抱えていた。さらに、潤滑油の粘度が低かったためにギアの潤滑が不足し、トラブルが多発した。最終的には、別構造の直結型にすべての装置を入れ替えなければならなかった。

実は、競合他社の製品も同様のトラブルに見舞われており、現在では前川製作所も競合他社もこの構造は採用していない。今は直結型のコンパウンド・スクリュー圧縮機が製造されており、これは前川製作所の主力製品の一つである。製品開発部門からすると、営業部門の一声で「造らされてしまい」、失敗したという感覚が強い事例であるという。「造れ」の号令から市場導入までがあまりにも拙速であり、技術に関する知見と検証の不足が、失敗の主たる要因となった。部品は外注品で、品質を自社でコントロールできなかったという点もウィークポイントとなった。特に昭和40年代までは、前川製作所内において営業の力が強すぎたという。技術から見て、営業は怖い存在で、工場に怒鳴り込んできては「売ってなんぼだ」、「俺たちがお前らの給料を稼いでやっているんだ」、「いいから言われたとおりに造れ」と命令されていたという。

氷蓄熱式凍結濃縮システム、エンドファイト、そしてコンパウンド・スクリュー圧縮機はいずれも、開発スタート時における部門間でのコミュニケーション不足がもたらした失敗である。始めの二つの事例は、技術部門が開発に注力するあまり、不十分な市場調査のままに市場投入をして失敗を経験した。技術的に可能であるという理由でプロジェクトを進めた結果、造ったけれども売れないという状態に陥った。プロジェクト開始時点から市場調査を入念に行い、技術部門と営業部門が緊密なコミュニケーションを取っていれば、結果は異なっていた可能性が高い。

反対に、最後に挙げた事例は、営業からの一方的な号令のもとにプロジェクトが進められてしまい、失敗に陥っている。市場投入を焦るあまり、十分な技術開発や検証を経ることなく、少しでも早く先行製品にキャッチアップすることだけに注力した。その結果、一時的に台数は出たものの、トラブル対応費用が過大に発生し、最終的には全製品を入れ替える事態を招いた。あらかじめ、営業が製造の話に耳を傾けて、製品設計に問題がないかどうかを検証していれば、無理な市場投入で損失を被ることはなかったはずである。

三つの事例はいずれも、プロジェクトの開始段階や進行過程において、製造部門あるいは営業部門が偏った主導権を握ったために失敗を経験している。製品の種類こそ異なるが、多くの企業で経験したことのあるパターンであるはずだ。部門間におけるコミュニケーションが不足し、プロジェクト進行の主導権が偏っていたために生じた失敗である。

▼一案件から事業化への失敗

次に、以下三つの事例から失敗の背景について考えていこう。一つ目の事例はウイングチラーである。前川製作所が冷凍機を納めていたブロイラー工場では、鶏肉の2kgパックを袋詰めし、真空パックにして平面搬送で冷凍していた。真空パックされた鶏肉を横において、ベルトコンベアで流しながら冷却機を通過させ、冷凍するという工程である。営業をしている中で、顧客から上記工程の効率化に対する声を聞き出し、その顧客ニーズに応える形で開発がスタートした。

まず担当者は、横ではなく縦で搬送して冷凍することができれば、省スペースで効率化が進み、生産性は著しく改善されるだろうと考えた。内容物が下に落ちてこないような構造で、縦にしてコンベアを流し、冷凍することができれば、付加価値を高めることができ、明確な差別化になると考えた(図5-1)。顧客のためにという思いのもと、アイデアから企画立案、開発、製造、試験、納入のサイクルを半年で回し、納入にまでたどり着いた。「とにかく、考えて形にして納めた」と担当者は振り返っている。納入した縦置き搬送のウイングチラーは、抜群の処理能力を誇り、従来の平面搬送と比べて5~10倍の能力を実現した。反面、初期コストが高いだけではなく、故障が頻発し、耐久性も低いなどの弱みも浮かび上がってきた。現場担当者がトラウマに感じられるほど、装置が複雑で、壊れやすく、メインテナンスに追われたという。結果、5台程納めたものの、他の営業マンに伝わる評判は良いものではなく、製造部門による「改良しよう」という思いも、営業部門による「もっと売ってやろう」という思いも、生まれ

図5-1▶縦置き搬送での冷凍システム

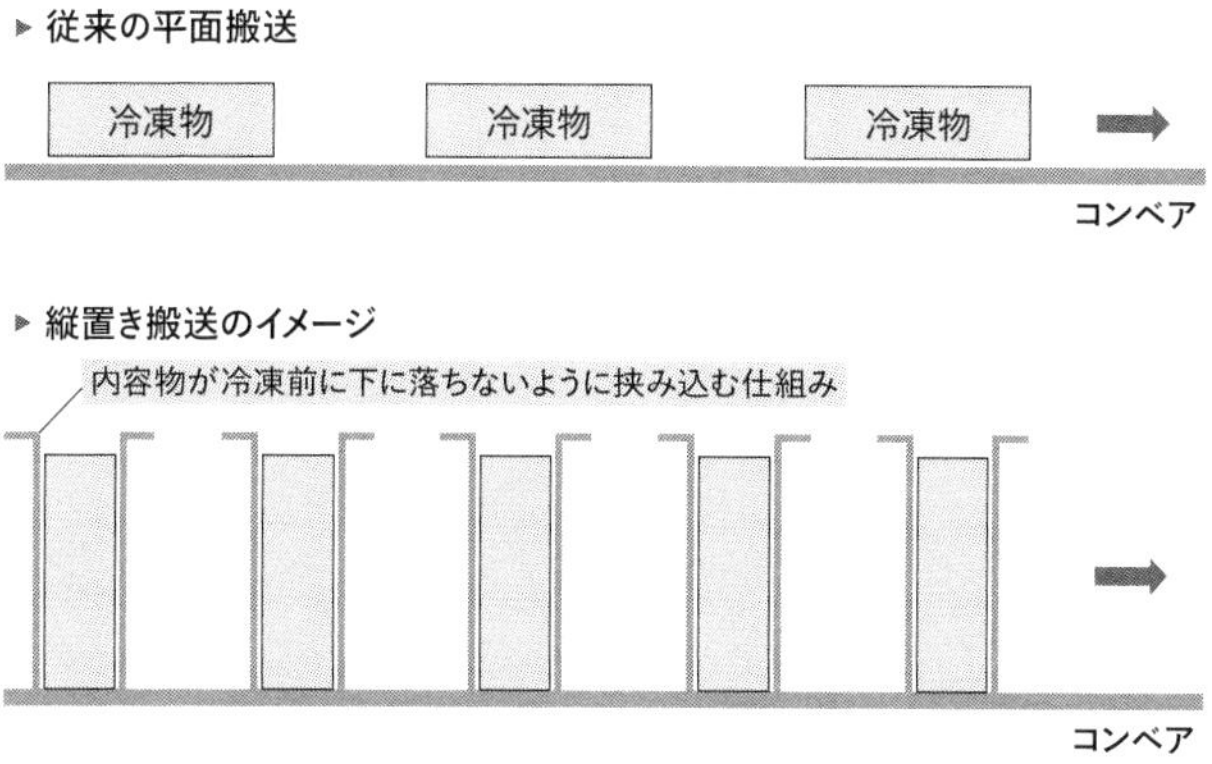

出典：筆者作成。

ずに終わってしまった。

この事例は、他の事例と比べて特別にトラブルが多かったわけではないが、食品事業ブロック・グループリーダーの小野里は、「思いや情熱を持った人が集まらず、社内での熱意が高まらなかった」と述べている。現在でも、冷凍の工程は平面搬送が一般的である。鶏肉の冷凍においては、高価格の装置を購入するほど付加価値製品が求められていないという現実があり、その点に気づけていなかったことも敗因だという。鶏肉業界ではなく、ファミリーレストラン向けのカレーやシチューのレトルトパックの冷凍であれば、支持された可能性があったという声もある。ニーズの読み違いが、成功へと結びつかなかった要因と考えられる。

二つ目の事例は、ドーム型サテライトフリーザーである。1996年のO157（病原性大腸菌）食中毒事件以降、工場内における清潔性への関心が高まり、導入する機器には洗浄が容易で殺菌管理可能であることが、それまで以上に重要視されるようになった。そうした風潮の中で、衛生面への関心が非常に高い顧客がいた。そこで担当者は、従来のフリーザーよりもコストは高いが、角部分がなく、ゴミがたまりにくいドーム型サテライトフリーザーを提案した。耐久性や性能においても優れており、関西を中心に普及が進み、30台程度が納入された。しかし、関東では扱われることがなく、普及に歯止めがかかってしまった。現在では、他社の類似製品がドーム型の市場を独占している。

ドーム型サテライトフリーザーにおける失敗には、同社の独法制の弊害が関わっている。一つの大企業を多くの中小企業に解体し、各中小企業は独法として、「自分の食いぶちは自分で稼げ」とばかりに自立が推奨された。その環境下では、「いかに他の独法と違うことをやるか」が大きな評価対象となり、独法の社員たちもそれを意識していた。そのため、「西でやっていると、東ではあえて別の市場開拓に励む」こととなってしまった。個々の顧客に寄り添い、その顧客のためのソリューションを提示するという、ビジネスの初心を忘れてしまっていたのである。当時を振り返り、「自分の椅子は自分で創る文化が強かったため、他者（ライバル企業だけでなく、他の独法も含む）が創った市場を広げることに注力しなかった。当時はビジネスの成功そのものと同じくらい、まだ存在していない市場を開拓することへの挑戦が商い（社内での評価対象）になった」、「顧客に寄り添いすぎて、近づきすぎて、特殊になりすぎた」と小野里は述べている。

三つ目の事例は、ちくわバーチカルフリーザーである。前述のウイングチラー同様、ちくわの冷却においても、一般的には平面搬送である。焼きあがったちくわを横に流しながら冷却し、人力でパッケージ化する。それを縦方向に流し上げ、また下におろすという縦方向の動きの中で冷却し、パッケージ化を自動化するというのがちくわバーチカルフリーザーである（図5－2）。顧客の要望に応えて、20本のちくわをトレイに並べ、上下に流しながらゆっくり冷やす。すると、工場内の空間を立体的に使い、ベルトコンベアの専有面積を縮小できるので、省スペース化を進められた。またパッケージ作業の自動化は、工程に入る人手を極力排除したいという衛生管理面での要望に応えるものだった。省スペース化と自動化は一定の評価を得て、他の工場にも納入され、計5台が造られた。

5台で留まった背景には、従来に比べて処理能力の低下と高い初期コストという弱みがあっ

図5-2 ▶ バーチカルフリーザーの仕組み

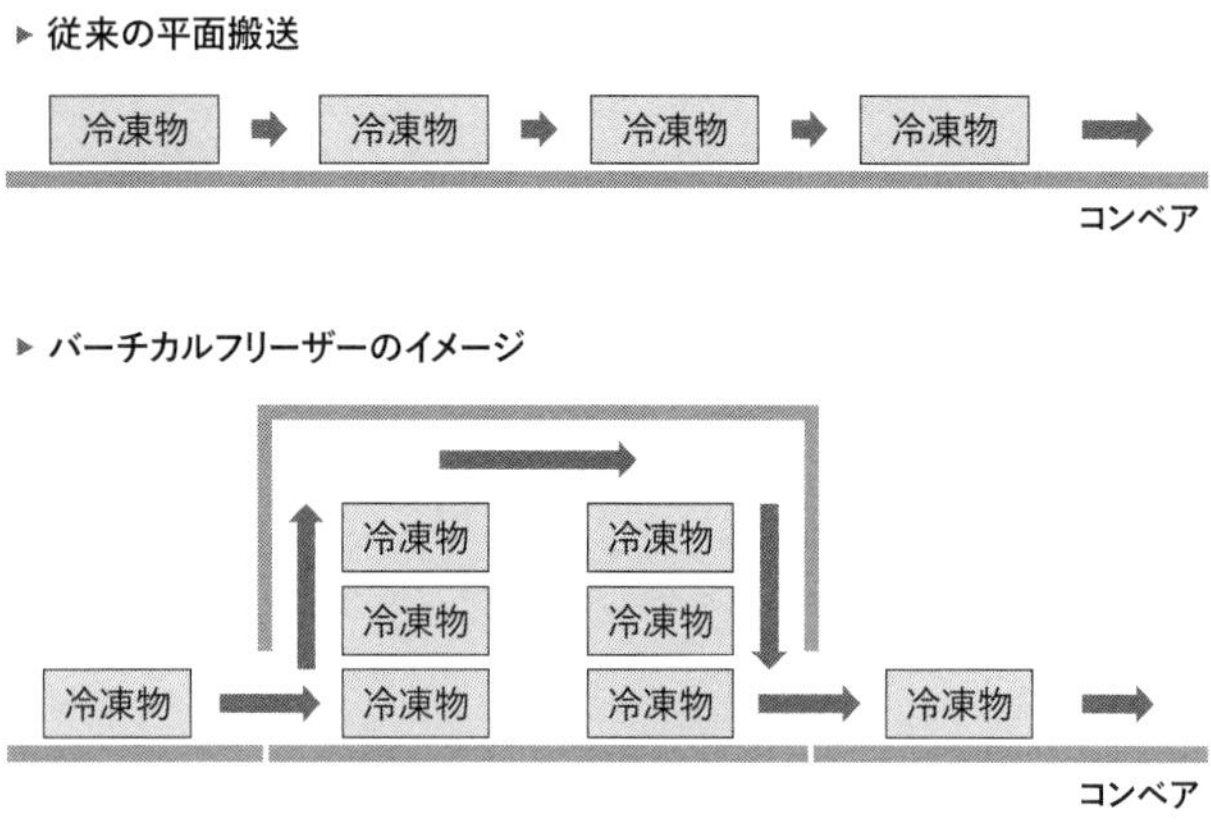

出典：筆者作成。

た。他の食材を扱う工場で、バーチカルフリーザーの要望が出たこともあるが、事業としては停止している。前川製作所は冷凍機が主力製品であり、その販売促進のために他事業を展開しているという側面が強い（例えば、鶏もも肉の加工工場に対する冷凍機販売と、そのためのトリダスの展開）。そのため、冷凍であれば、自動化装置に自社の冷凍機を組み合わせて売れるが、冷却では自動化装置のみに限られてしまうため、重点プロジェクトとして選ばれにくかった。

「形にはできるけど、広い販売につながらない」という担当者の言葉が、ちくわバーチカルフリーザーにおける失敗を物語っている。一顧客に全力で集中し、要望に応えていたので、別の顧客へ横展開をして、販売を拡大するなどといった視野を有してはいなかった。しかし、「当時はそれでいいのだ」と思っていた。「その後の事業展開については深く考えずに、『目の前の顧客のためだけに、力技で何とか仕上げる』ことの繰り返しにやりがいと心地よささを感じていた」と口にしている。

以上三つの事例は、製品化までは進んだものの、いずれも、その事業化には失敗している。失敗の背景には、担当者個人の思い、情熱、あるいは能力の不足などがあげられるが、それ以上に深刻な失敗要因として、ニーズの見極めの不十分さがある。探り当てた顧客の課題が、特定個人に限られる単なるつぶやきなのか、業界が抱える潜在性の高いニーズなのか、これらの見極めに失敗しているのである。

▼顧客との関係未構築による失敗

さらに二つの事例について見てみよう。前川製作所が進めた、リユース、リサイクル、リデュースの3Rに関連するニーズの探索のなかで、リユースのプロジェクトとして出てきたものに低温破砕システムがある。これは、技術サイドからスタートしたプロジェクトである。

ゴムやプラスチックは、常温では粘りが強く破砕しづらい物質である。そのため、破砕するには粉砕機の追加的な動力が必要となり、また破砕中に熱で温度が上がると素材が変化してしまい、リサイクルできなくなるといった問題がある。例えば、ゴムタイヤを常温微粉砕すると、80度程度までゴムの温度が上がり、成分が変わってしまう。それを、マイナス80度まで凍らせると、成分を変容させることなく微粉砕が可能となる。これが、低温破砕システムの特徴である。

まず守谷工場において、プラスチックとゴムの低温破砕実験が進められた。プラスチックはリユースされること自体が少ないため、プラスチックの低温破砕は燃焼効率向上を主たる目的としていた。一方、古タイヤのゴムの低温破砕は、原材料に混ぜてリユースが可能であり、リユースを目的として開発が進められた。前者は、大手重工業企業との共同プロジェクトとなり、プラスチック材を燃焼させて発電する施設に、燃焼効率向上を期待されて納入された。しかし、装置自体に電気代がかかりすぎることによるコスト・パフォーマンスの低さが課題となり、「これではペイしない」と問題視されていた。低温破砕システムは、原材料へリユースできるという付加価値があれば採算に合うが、燃焼効率向上という付加価値ではコスト高が上回ってしまう。前川製作所としては、共同プロジェクトをきっかけとして更なる技術向上、販売拡大へとつなげたいと考えたが、その思惑は外れ、結局は1億円程度の持ち出しでプロジェクトは終焉を迎えた。

後者のゴムの低温破砕については、大手タイヤメーカーとの共同プロジェクトが立ち上がった。前向きに導入の話が進み、オリジナルの材料にリサイクル材料を混ぜても乗用車用タイヤとして品質に問題がない、という試験までクリアしていた。しかし、その矢先、アメリカで再生タイヤが燃えるという事故が大きく報道されると、パートナーだった国内大手タイヤメーカーは再生品を使用しないという意思決定を下し、本プロジェクトも立ち消えとなってしまった。

低温破砕システムは、技術としては確立したものの市場創造には至らなかった。技術の一部は同社の空気冷凍システム「パスカルエア」のトンネルフリーザーに展開しているものの、当初予定した市場は未だに切り開けていない。失敗要因として不運な事件はあったものの、プラスチックもゴムも、いずれも従来から接点を有する業界ではなかった。顧客および業界の幅広い情報収集ができておらず、また、交渉をしたい顧客との十分な直接的接点を有することができなかった。それゆえ、「自らの市場として、十分に把握できなかった」という背景がある。

次の事例は木材乾燥機である。これは、ある研究機関からの要請で開発に着手したもので、ヒートポンプ機能を応用して生木を乾燥させるという装置だった。乾燥した木材は、木造住宅用の骨組みを構成する構造用木材として需要が高い。前川製作所では、1㎥（縦1m×横1m×高さ1m）の木材を3000円程度の電気代で乾燥させることができる装置を開発した。

その後、初めて材木屋に営業を行ったところ、担当者は愕然としたという。材木屋で直面した業界相場は、地方で1㎥当たり500円程度、新木場の材木屋でも1㎥当たり1000円程度だった。広島の材木屋では、おがくずを燃料としたボイラー乾燥を採用しており、蒸気は無駄にすることなく、発電のためのエネルギーとして利用していた。「何をしに来たんだ」と笑われ、まったく勝負にならなかった。この事例の敗因は、プロジェクトの開始から、まったく顧客との接点を持たずして開発のみに注力し、歩みを進めたことにあった。

上記二つの事例は、不慣れな業界に参入したり、自発のものでないプロジェクトに加わったりして、顧客との接点を十分に持たず、顧客も市場も理解することができなかったために失敗している。つまり、製品化までターゲット顧客との十分なコミュニケーションをとっていなかったのである。顧客と寄り添う、という前川製作所が得意とする町工場のDNAを発揮できなかった点が失敗の要因となっている。

▼現場感の不足による失敗

最後に、三つの事例について考えてみよう。まずは、アイスブラストである。金属を溶かして型に流し込んで固められた鋳物には、バリと呼ばれる不要な突起が発生しやすい。そのバリを取るために、無数の小さな物質を高速でぶつけて、衝突による衝撃で形状を整える手法をショットブラストという。ぶつける物質には、粒状の鉄、ドライアイス、ヤシの殻、ビーズ等があるが、これらではいずれもショットブラスト後に残骸がゴミとして残ってしまい、廃棄する手間とコストがかかる。もし氷を使うことができたならば、ショットブラスト後に溶けた水が残るだけである。前川製作所の担当者が目を付けたのはこの点であった。

冷却装置を納めていた自動車エンジンメーカーとの世間話で、鋳物のバリを取るときに、ときどき鉄の球が傷を残してしまうこと、鉄に代わるものがあったら助かることを、担当者が聞き出した。そこで、上述のアイデアを提案し、小さい氷の球を作り、それを打って発射し、鋳物のバリを取るアイスブラストを考えた。「技術的に、何とか実現してみよう」と2ミリの氷の球を作り出し製品化した。しかし、1号機を造るも、コストが高すぎたために2号機が造られることはなかった。本事例は、確かにおもしろい挑戦ではあったが、氷で代替するという価値がほとんど生まれない分野だった。

コロッケ自動製造ラインという事例もある。冷凍機を納入していたコロッケ工場では、1時間当たり1・5トンものコロッケが流れてくる。コロッケ1個を70gで換算すると、1時間で2万個以上のコロッケが製造されていることになる。工場内には、ジャガイモを蒸かすライン、野菜の材料をカットするライン、ミンチ肉を混ぜあわせて加熱するラインがある。そして、具材とジャガイモを混ぜて成型機でコロッケとして打ち出し、それらを冷凍し包装する。こうした各工程において、最も人手が多くかかるのが包装工程である。

包装工程では、5~7人の作業者が並び、1袋20個入りになるようにコロッケを人手で5段に重ねる作業がある。この作業は、腰と手首を痛めやすいことが問題視されていた。そこで、コロッケを5段に積む自動化装置を開発し、工場に2セット納入した。しかし、この事例はそこで終わりを迎えることとなる。確かに、自動化装置によって工場の作業者は、1人に削減することができた。しかし、その1人の負担が過剰なものとなってしまった。自動化装置が少しでも止まると、人の手で直さなければならない。この直しの手間が、作業者を追い詰めるほどに過大となってしまった。

装置の故障原因は、他社から購入した部品、エアシリンダーの強度にあった。これは製品開発の段階では、想定できないものだった。1カ月ごとに交換しなければならず、前川製作所側では無償対応に追われた。また、きれいにコロッケを移動させるためにはシステムを最速で回転させる必要があったが、シリンダーのシャフトに空気中に浮遊する目に見えないほどの小さなパン粉が付着すると、回転速度がわずかに鈍化してしまうというトラブルも発生した。わずかな回転速度の鈍化が、コロッケの適切な移動を妨げ、そのたびにメインテナンスの必要が生じた。設計段階での予測と、実際の運転での違いに頭を悩ませた。装置が止まるたびに連絡が入り、昼夜を問わずメインテナンスに足を運び、何とか1年程度は持たせたという。

最終的には工場側の作業者にかかる過大な負担を不憫に思う工場長からの要請で、自動製造ラインから元の人手による体制に戻すこととなった。当時を振り返り、担当者は、「お客さんのために納入したはずが、作業者の負担を強いてしまった。システム納入後の現場感を想定しきれていなかった」と口にしている。その後、後継機の開発も行われたが、用途があまりに限定的であることを理由に、現在は倉庫で眠っている。自動化ラインの導入による工場内の労働環境の変化を予測し切れなかった点が失敗の要因となっている。

最後の事例は、ホタテ貝剥き自動化装置である。北海道の紋別、網走、猿払といった地域は、ホタテの一大産地となっている。高級なホタテの貝剥きは、すべて手剥きされている。貝剥きのラインは、片側20人の作業者が配置されて、一斉に貝を剥いていくが、貝剥き作業による手首の腱鞘炎と多くの作業者を必要とする点が問題視されていた。また、熟練していない者だと、貝柱を切るときに、身まで傷つけてしまうことも少なくなかった。少しでも身に傷がついたホタテは、B級品やC級品となってしまう。こうした課題について、「マエカワさん、機械屋だったら何か良いの造ってよ」という声を受けて、開発したのがホタテ貝剥き自動化装置だった。

装置に貝を並べ、80度程度の熱湯をかけ、貝を少し開かせる。その後、貝の向きを揃えて、少し開いた隙間からひっかけて貝を開く仕組みである。下から熱湯かけることで、貝をしっかり開くことができた。他社の類似製品には、120度の蒸気をかけて貝を開くものもあったが、それでは身にまで熱が入ってしまい、身が固くなるという弊害があった。前川製作所の装置にはその弊害がなく、また、1時間当たり3300枚を処理する能力があった。熟練作業員の貝剥き処理能力は1分に3個、1時間に180個だったため、約20人分の処理能力に相当した。

この装置は顧客から非常に好評で、17台まで納入が進んだ。しかし、機械の構造は非常に複雑であったため、現場でのメインテナンスが不可欠で、特に貝剥きの繁忙期には毎日のメインテナンスが必要となった。北海道の独法だけでは、メインテナンスに割く労力を提供できなくなり、次第に装置を売る意欲が社内で低下していってしまった。スチールベルト、フリーザー、冷凍機のパッケージが主流の製品であり、貝剥き機は極めてニッチな付随品にすぎなかったため、そこへの注力には限界がありニーズも限定的だった。

上記三つの事例は、担当者レベルあるいは全社的な現場感の不足により生じた。ショットブラストの現場や業界における実態が把握しきれていなかった。コロッケやホタテの製造工程における自動化装置に関しては、装置導入後の現場がどうなるのか、自社のメインテナンス体制を維持できるのか、についての理解が及んでいなかった。そうした広い意味での現場感の不足が失敗要因となっている。

▼失敗を活かすマーケティング発想

前川製作所の11の事例について見てきた。同社では、たとえ一事例としては失敗しても、その失敗を教訓として活かして、次のビジネスに反映させるマーケティング発想が根づいている。同社のビジネスにおける失敗の背景と、失敗を失敗で終わらせないマーケティング発想について、我々は四つに類型化して考察を試みた。

まず一つ目は、部門間コミュニケーションが不足し、製造あるいは営業による偏向的な主導が招いた失敗である。プロジェクトが製造現場の技術志向に偏って進められ、製品化に至るまでに市場理解が不足したままであったり、プロジェクトが営業現場の号令で無理やりに進められ、十分な開発と検証を経ずに市場化を急ぎすぎていたりしたことが、失敗へと導いた。

部門間コミュニケーションの不足が招いた失敗は、以後の前川製作所のコンピタンスにつながっている。そのコンピタンスとは、製造と営業の共創である。第3章で見てきたニュートンの事例では、コミュニケーション不足に陥ることなく、プロジェクトの開始段階から製造と営業はともに定例会議すべてに参加している。製造メンバーと営業メンバーが、ニュートンの製品化に対して同等の責任を持ち、悩みを共有できている。製造と営業は密にコミュニケーションを取りながら部門横断的にプロジェクトを進めていったからこそ、製造は「何とか造ってやろう」、営業は「何としても売ってやろう」という姿勢が自然に生まれていった。

二つ目は、一つの案件から事業化させる際の壁による失敗である。一つの案件として、顧客から受けた要望を形にすることはできても、それを大きなプロジェクトへと成長させて、事業化できていないというケースである。担当者個人の思いやこだわり、能力による面もあるだろうが、それ以上に重要なのは、顧客のニーズが該当顧客特有のものなのか、同じようなニーズを抱える顧客がどの程度いるのか、つまりニーズを抱える市場の見極めである。一つの案件に着手する時点で、潜在ニーズがどの程度あるのかを見極める必要がある。

この事業化の壁による失敗を肥やしとして、ニーズの見極めに取り組んだ事例がスーパーフレッシュである。スーパーフレッシュは、食品の解凍装置であり長期保存装置でもあり、二つの用途開発に成功した事例である。もともとは、青森のブドウ農家からの要望で、ブドウの保管用に開発がスタートした。一般的な食品クーラーは、空気を冷やすクーラー機能に、加湿器をプラスして鮮度を保つ。しかし、25度の空間であればきれいに水分を蒸発できるが、5度の空間では水滴が残ってしまい、カビの原因となっていた。スーパーフレッシュは、従来のクーラーとは構造を変え、下に水をためて空気を冷やす仕組みである。専用のユニットを冷蔵庫にかぶせることで、5度で湿度95%という高湿度かつ低温を実現した製品である。

一部の農家から高評価を得て、野菜農家に普及が進んでいったが、冷凍機と組み合わせられないことから社内での評価は上がらず、普及は限定的だった。数年後、佐賀県唐津のキンメダイの工場で冷凍機の営業中、解凍装置の話題が出た。低温高湿度の他社解凍装置を見ながら、「似た製品がうちにもあった」と思い出された。食品工場の原料加工用に改めて利用できないかと検討され、スーパーフレッシュは再び日の目を見ることとなる。

冷凍があるところには、解凍もついて回る。どの食品業者も、解凍に少なからず悩みごとを抱えている。解凍には、水解凍、空気解凍（低温高湿度解凍、高温解凍）、高周波解凍、自然解凍といった手法がある。冷凍された食品は、低温でゆっくり溶かすと、食品へのダメージを抑えて解凍できる。ところが、スーパーフレッシュは潜熱(3)を利用して溶解することで、比較的早く、低温で溶かすことが可能だった。九州でいくつかの実績を残した後、福井県の魚、イカ加工工場でも納入が進み、ここから本格展開していくこととなった。スーパーフレッシュのクーラーは外注品で、各地のクーラー屋に製造を依頼していた。製品の肝は、現場での個別対応の調整にあった。空気と水のバランスを調整し、空気1に対して水をいくつにするかを検討する。肉や魚の加工工場で調整実験をしたときには、1日では時間、風の当て方、湿度調整などの問題が発生し調整できず、1週間工場に張り付き、顧客と一緒に調整を続けた。顧客とともに試行錯誤することによって、顧客が一番大事にしているのは味、形、歩留まりのどれなのかを探り、食品を見る目が養われ、優れた提案につながっていった。

担当者は、解凍装置としてのスーパーフレッシュのニーズが全国的に存在していると予測し、実験結果を本にまとめ、全国の営業所に共有していった。当時を振り返り、「どの食品事業者も、解凍にお金をかけるのは最後の最後。でも、解凍が商品の品質に直結することは、広く認識されていた。ニーズは確かにあると考えた」と述べている。各所でアレンジを加えながら、解凍装置としてのスーパーフレッシュの事業は拡大していった。前川製作所は、ゼロから空気解凍の分野に参入し、300〜400台の普及拡大に成功し、シェア3割を獲得するに至っている。

さらに近年、天候不順が頻繁に発生するという理由から、食品を価格の安い時期に買い溜めておいて、長期保存しようとするニーズが高まってきた。例えば餃子屋であれば、キャベツを買い溜めておき、長期保管することでキャベツの価格変動に耐える。キャベツは通常1カ月程度しか保存できないが、スーパーフレッシュを用いると、2〜3カ月保存することができるので、シーズンオフに出回る安価なキャベツを最大限押さえておくことができるのだ。

あるとき、JAから「レモンを4カ月持たせたい」という要望が届き、他社のナノミストの装置とスーパーフレッシュで比較実験が行われた。5カ月後の廃棄率は、前者が17・5%、後者が13・3%で、期間後半の持ち方も後者の方が優れていた。キャベツでも同様の実験が行われ、スーパーフレッシュで4カ月の保管に成功した。この実験で証明された製品力を訴求し、一度は閉じられた長期保管装置としてのスーパーフレッシュの普及が再開した。長期保管においても、湿度条件、風の当て方（水滴の分離）、庫内の殺菌方法、チルド保管、時系列的な温度管理等において、ケース・バイ・ケースの調整が不可欠となる。個別対応での調整を求められるこの商材は、前川製作所の得意分野と言える。ただし、まだまだスーパーフレッシュの認知度は十分ではなく、今後さらに、提案営業で長期保管というマーケットを拡大させていく必要がある。スーパーフレッシュの存在で、工場内の温度・湿度管理の相談を受け、ライン変更、改善提案につながることもある。

スーパーフレッシュは、事業化の壁による失敗事例を踏み台として、ニーズの見極めと市場創造に成功した事例である。「現場にしか真実はないとはいえ、個々の事象に踊らされすぎずに、業界のニーズと照らし合わせる視点を持つことができた」という。担当者は、当該製品を造ることで、業界にどれだけのビジネス・インパクトがあるかを意識できていたのである。

三つ目は、顧客との関係を十分に構築できず、コミュニケーション不足によって生じる失敗である。顧客との間に別のプレイヤーが入ることで、彼らとの直接的な接点を十分に作れなかったり、十分にコミュニケーションを取らなかったりして、顧客との関係未構築が失敗原因となっている。町工場のＤＮＡとして前川製作所に根付いていているはずの顧客に寄り添う姿勢を実行できない、あるいは、マネジメント力が不足していたために失敗を招いた。

第４章で見てきたトリダスの事例は、まさしく顧客との接点不足による失敗を踏み台とした成功であると言える。鶏もも肉の加工工場に冷凍機を納めるだけであれば、製造した製品を設計事務所、ゼネコン、プラント施工会社に販売するだけで良い。その後、ゼネコン、プラント施工会社、設計事務所が食品メーカーに納めていく。しかし、前川製作所は、中間にいる業者を飛び越えて、顧客の取引先である食品メーカーと直接接点を作り、工場に入り込んで関係を構築していった。そうして、冷凍機とは関係のない鶏もも肉の自動脱骨ロボットというニーズを発掘し、製品開発と市場創造に成功したのである。直接的な顧客だけではなく、顧客の取引先とも接点を持ち、彼らとの関係を構築するというプロセスを生み出している。

四つ目の失敗は、現場感の不足による失敗である。担当者あるいは全社的に、現場や業界の実態が把握しきれていなかったり、製品導入後の現場や自社のサポート体制の状況予測が及んでいなかったりすることで、前川製作所は手痛い失敗を経験してきた。しかし、現場感の不足による失敗をサービス・リカバリーの重要性へと結びつけている。

前述のコロッケ工場を例にすると、メインテナンス対応で担当者は工場にずっと張り付いていた。献身的なサービスを提供していく中で、「マエカワさんは良くやるね」と半ば家族のような関係が生まれていった。それは、日本的な「労をねぎらう」感覚だろう。しだいに担当者は、工場内の人の動きや全体の工程を把握していき、「目をつぶっていても、何がどこで起きているかがわかる」状態になった。この状態を、前川製作所では「現場と一体化する」と表現している。

現場との一体化が進むと、顧客との会話や接触の仕方が表面的ではなくなっていく。顧客は自社工場を熟知しているが、他の工場は知らない。しかし前川は、他の工場も広く知っているし、顧客の工場も熟知している。そのため、顧客の工場で当たり前とされてきた配置や設備に対して、「本当にそうですか。もっとこうじゃないですか」とキャッチボールできるようになっていく。この種の関係を作れると、顧客はどんどん期待するようになり、「ちょっと相談していいかい」と他の設備、機械、技術に関する困りごとも尋ねるようになる。逆に、前川製作所からの提案の幅が広がり、深さが増すようになる。この動きは「文章にも書けない、他社に伝えても上手く伝わらない。現場に入った人同士でしか共有できない、現場にしかないノウハウであり、お客さん特有の性格を、頭ではなく体で理解するもの」だという。この話は、第7章の「知識を身体化させる」において論じている。

現場感の不足による失敗は、優れたサービス・リカバリーを生み出すチャンスに変えることができる。もしも完成品で、何のトラブルもなければ、「そろそろオーバーホールだね、部品を交換して」で終わっていたはずである。転んでもただでは起きずに、チャンスに変える。「上手くいっていたら発生しない。別ラインの仕事につなげていこう」という、前向きな発想を持ち続ける精神が前川製作所には浸透している。こうした「労をねぎらう」感覚やサービス・リカバリーを狙う発想は、日本国内でしか通用しないものと思われるかもしれないが、メキシコ等のラテンアメリカやアジア諸国でも通じるのだという。

本章では、前川製作所の11の失敗を経験した事例をもとに、同社の失敗と、失敗のままで終わらせずに組織の成長材料へと変えるマーケティング発想について、四つに類型化して考察を試みた。類型化をまとめたものが、表5－1である。同社では、即断即決により失敗を経験することは少なくないが、それだけでは終わらせない姿勢を有している。前川製作所では社員の失敗を咎めない。たとえ億単位の損失を出しても、基本的に懲罰はない。失敗は組織にとっての学びであり、ある種の肥やしとして、次の挑戦に臨むための踏み台とすることのできる企業文化が醸成されているからである。

挑戦に失敗はつきものである。いつからか日本企業の多くは、失敗による社内評価の低下を

表5-1 ▶ 失敗を活かすマーケティング発想の類型化

事例	失敗の背景	マーケティング発想
① 氷蓄熱式凍結濃縮システム	部門間コミュニケーションの不足	製造と営業の共創
② エンドファイト		
③ コンパウンド・スクリュー・圧縮機		
④ ウイングチラー	事業化の壁	ニーズの見極めと創出
⑤ ドーム型サテライトフリーザー		
⑥ ちくわバーチカルフリーザー		
⑦ 低温破砕システム	顧客との関係未構築	真の顧客への寄り添い
⑧ 木材乾燥機		
⑨ アイスブラスト	現場感の不足	サービス・リカバリー
⑩ コロッケ自動製造ライン		
⑪ ホタテ貝剥き自動化装置		

出典：筆者作成。

恐れて、挑戦に後ろ向きになっている。大企業であればあるほど、一般にその傾向は強いはずである。しかし、失敗しないよう、失敗しないようにと心がけ、手堅いビジネスを繰り返していると、成長が止まり、厳しい国際競争で勝ち残ることは難しい。リスクをとって挑戦しなければ、飛躍はできない。そして、挑戦を奨励するためには、失敗を咎めるのではなく受け止め、失敗を失敗で終わらせない企業の姿勢と社員のマインドが前提条件となる。本章における失敗事例の分析から、先の読めないビジネス環境の中にあって、前川製作所が次の脱皮を狙おうとする理由、また狙うことができる理由が見えてきた。

註

(1) 氷蓄熱は、夜間に夏は氷、冬はお湯を作って蓄えておき、昼間のエネルギー源とする仕組み。夜間は、昼間と比べて電気代が約1／4～1／5（東京電力の蓄熱調整契約の場合）と大幅割引があり、年間を通じて低コストを実現できる（http://www.meltec.co.jp/museum/ice/index.html参照）。

(2) ギアの回転には、正転（正方向）と逆転（逆方向）との間に不感帯に類する差が生じ、正転→逆転時にすき間分余分に一次側を回転させる必要がある。これをバックラッシュと呼ぶ（http://www.fa.omron.co.jp/guide/glossary/meaning/3332.html参照）。

(3) 物質が固体から液体、液体から気体、固体から気体、あるいはその逆方向へと状態変化（相変化）する際に必要とする熱のこと（https://www.hptcj.or.jp/Portals/0/data0/hp_ts/ts_course_pro/column/c_03_02.html参照）。

第 III 部

ヒトづくり

第6章

共同体発想で
個を活躍させる

前章までで前川製作所におけるビジネスやものづくりについて分析してきたが、第Ⅲ部では組織と人に焦点を当てていこう。

いかなる会社にも、組織としての取り組みや社員行動には何らかの独自性がある。例えば、日本航空株式会社では、調達、管理、企画系の12部門でフリーアドレスを導入している。[1]カルビー株式会社は、出社してシステムにログインするとダーツで強制的にその日の席が決まるダーツシステムを導入している。[2]会議室のキャンセルや社内他部署に迷惑をかけた場合には罰金を科せられる「痛み課金」と、逆に他部門に恩恵をもたらすと報奨金が与えられる「WILL報酬」を設けている株式会社ディスコのような会社もある。[3]各社は、そうした独自性の多くを自らのメリットとして、社風や社内文化として位置づけている。[4]

前川製作所はどうだろうか。同社の組織行動や働き方は極めて特殊で、同社のユニークさの源泉になっている。筆者らは、会長や社長や顧問といった経営層からベテラン、中堅、若手社員までの広い対象にインタビューを実施してきたが、確かに同社の組織文化、組織構造、働き方については、実に多くの特殊性が浮かび上がってきた。ユニークな話を耳にするたびに、その驚きを相手側に伝えてみるが、社員は「中にいると、自分たちではユニークさがわからない」と口を揃えて答える。その特殊性を紐解いてみよう。

近年、多くの企業が「見える化」を推進している。トヨタのカンバン方式のように、製造現場における可視化を進めることで、効率的なマネジメント、トラブル対応、改善点の発見等が期待される。作業時間や順序を明確化して、プロセスを厳格に管理し、標準化されたシステム構築が進められる。そこから派生して、ノウハウの見える化、オフィスワークの見える化、事業や店舗レベルでの数値の見える化といったように、企業活動におけるあらゆる箇所で見える化を進める風潮が強まってきている。それは、ときに過剰なほどに標準化、定式化を追求しているように思える。

こうした風潮に逆行するように、前川製作所は不定式化を守り続けている。「見えない化」というとネガティブな印象を与えてしまい、聞こえは良くないかもしれない。しかし、同社はあえて、見える化の流れと逆の方針を貫くことで、他社にない強みを生み出していると考えられる。「共同体発想」を組織に浸透させているのは不定式化を可能とするからである。本章では、前川製作所のユニークさとして、まず共同体発想から見ていこう。

▼個の活躍を促す共同体発想

前川製作所には、個を最大限に活かすための基盤として共同体発想が根付いている。第Ⅰ部および第Ⅱ部で見てきたような、規則や固定概念に縛られずに、新たな事業を創り出していく個の活躍を導く基盤としての発想である。それは、農村などにみられる共に働き、共に生きるといった精神に相通じるものである。

日本の歴史、文化、思想の根源は、農業を通じて豊かになり、地域ひいては国を安定させることだと考えられる。それは、米の収穫量である石高を基準として、国を治めていた封建社会の歴史を振り返ると納得できるだろう。経済活動の基盤には稲作があり、稲作を担う村落という共同体には、互いに手を取り協力しあう精神が根底にあった。村民一人ひとりが、稲作を行う村落にとって不可欠なメンバーであり、それぞれが得意とする役割と方法で活動し、共に生き抜くために貢献していた[5]。

農業における共同体精神は、明治維新後の工業にも受け継がれた。そのため、旧来の日本型経営では、企業を共同体的なつながりと捉えていた。企業は、地縁や血縁に基づいた共同体だったといえる。この共同体的な経営スタイルは、現在でも中小企業やベンチャー企業に見て取ることができるだろう。そして、創業当初は有しているが、規模の拡大と組織管理の制度化が進むにつれて、大半の組織では薄らいでいくスタイルである。つまり、大企業においては維持しにくいスタイルともいえる[6]。

現代の村落において、共同体精神が消えつつある理由の一つとして、農薬の登場が指摘されている。農薬が登場する前、草刈の時期、害虫の種類に応じた対処方法、気候、水温、土壌といった、さまざまな外部環境の条件を結び付けた作物の育成ノウハウが探し求められていた。そのために、日ごろから村落のメンバーで、多くの経験と知恵を集め、あれこれと検討する習慣があった。それぞれの害虫に適した殺虫方法を覚え、メンバー内で積み上げていく必要があった。しかし、農薬という便利な解決方法の登場によって、農業は共同体で行う必要性が薄れ、個人レベルでの作業に姿を変えていった[7]。

便利ではあるが応用をほとんど必要としない方法の登場によって、共同体という発想は薄らいでいき、個が自発的に試行錯誤を行う機会がなくなっていった。農村でのこうした変化は、企業にも当てはめることができる。合理的かつ効率的な形への企業の管理が進められ、システム化、ルーティーン化された業務に従事する中で、社員個々の思考と活動は制限されていった。管理型組織は効率的で便利ではあるが、そのなかで慣らされていった個は、大切ないくつかの能力を失っている。

管理型組織とは異なり、共同体の大半のメンバーには明確な階級が存在しない。階層構造による定型的な命令系統が整備されていないので、直面する課題に最適な特性を持ったメンバーがリーダーを務める。したがって、その時々の状況に応じて、対処方法や行動方針が決められていく。これは、家庭という共同体における関係に近く、「家庭の教育には、唯一の最適解となるようなシステムはない。定型の教育として教え込むよりも、臨機応変でやる方が良い」[8]という。教育方針は家庭ごとに異なり、家庭内での課題の解決方法は、家庭によっても課題によっても変化する。もちろん、家族のメンバーが増えれば解決方法はさらに多様化していく。

企業を共同体として捉え、一種の地縁関係や血縁関係として考える共同体発想においては、組織の構造や意思決定方法に定式を設けず、柔軟性と即時性を伴った不定式化を維持することができる。前川製作所では、上司や経営陣の決断が絶対的なものではなく、現場担当者やチームの判断が適していると判断されれば、後者が優先される。現場への単純な権限移譲というのではなく、議論における上下左右の風通しの良い組織となっている。

前川製作所へのヒアリングで我々が驚いたのは、この共同体発想で顧客に接し、顧客を巻き込んでしまう点である。共同体としての意識や行動を社内で完結させるだけではなく、顧客側にも広げていく。そうすることで、顧客にも共同体の一員として、一緒に生き延びたり、成長したりする術を考えてもらえるようになる。前川製作所にとって、顧客は取引対象や利益対象でなく、共に歩んでいく共同体の仲間なのである。だからこそ、合理性や必然性を超えた対応が可能になる。それは、家庭内で子供のわがままに懸命に応えてやろうとする親の姿のようでもある。第4章で見てきたトリダスは、共同体だからこそ生まれた事業であり、管理型組織では生まれていなかったはずである。

共同体は安定的なものではなく、規模的にも質的にも変化を続けていく。前川製作所でも、組織を拡大させたり、事業内容を変化させたりしてきた。第2章の『脱皮』によって成長する」で見てきたように、同社の変化には、組織文化の更新と事業の発展が深く結びついている。そのプロセスについて、同社では「文化の視点から事業を見て、事業の中に文化を形成する」と表現している。文化と事業の間に連続的な好循環を形成しているのである。

共同体発想は、一部の経営陣による一方的な思いではなく、全社員に共有されている。取材に応じてくれた社員は、さまざまな表現で共同体での働き方に言及してくれた。「マエカワはフリーです。ただ、自由ではあるけれど、真綿にくるまれている感じがします」、「『暴走』にはならなく、『自活』できる組織だといえます」、「自由に動いているつもりです。しかし、マエカワという枠の中で生かされていることを自覚して、腹を据えて活動しています」。このように、前川製作所には共同体発想が浸透しているからこそ、個の判断と能力に重きを置いたプロジェクトの進行や顧客に寄り添った事業の展開が可能になっているのである。

▼無形の「マエカワらしさ」

多くの組織には、あるいは組織を構成するメンバーには、「らしさ」が存在している。我々の母校である早稲田大学出身者は群れることを好まず、進取の精神に基づいた挑戦心を有しているといわれる。いわゆる「早稲田らしさ」である。

業界や企業で言えば、商社には上昇志向が高く成功を追い求めるタイプ、金融には几帳面でリスクを避けるタイプ、メーカーには控えめかつ生真面目なタイプが多いと括られやすい[9]。メーカーの中でも、体育会系の雰囲気が強く、上下関係を重んじるタイプの会社もあれば、文化系の雰囲気が強く、ガツガツした姿勢は遠ざけられて、調和を重視するタイプの会社もある。いずれにしても、自身の属する業界や組織を評価したり説明したりするとき、「らしい」、「らしくない」という表現を用いることは少なくない。

我々は50名を超える前川製作所の社員に取材をしてきたが、社員たちに広く共通する価値観や行動パターンは存在しておらず、一つあるいは幾つかのタイプに類型化することは難しいと考えた。リクルートの段階では一定のばらつきが存在するはずであるが、通常の企業では、数年のうちに組織の文化や慣習に馴染み、メンバーは「らしさ」を備えていく。ところが、前川製作所では若者から高齢者に至るまで、「らしさ」が根付いていないのである。採用された時点で備わっている多様なタイプが、組織の文化を学んだり吸収したりすることで均一化していかずに、多様さを保ったままで年を重ねている。彼ら自身からも、彼らを一括りにするような発言や、自社のメンバーを象徴するようなキーワードが出てくることはない。標準がない、という「マエカワらしさ」を楽しんでいるようにも見えた。人にも働き方にも定型は存在しておらず、それこそが「無形のマエカワらしさ」のように感じられる。

手続きや一定の型が問われることは少ないが、しっかりと成果を残さなければならない。そのため、個々人なりの方法で同僚を説得し、賛同と支援を集めて、プロジェクトを動かさなければならない。組織としての再現性には欠けるだろうが、個が発揮する能力と創造性は最大限に生かされる。例えばニュートンの開発では、プロジェクトの担当者が信頼できる人材を一本釣りで「空いた時間に手伝ってくれ」と声をかけて回り、皆が自身の業務と兼務して「面白そうだから加わってみよう」という感覚で動き出した。一方、トリダスの開発では、顧客からの要望を受けた担当者が、当時の社長に直接話を持ち掛けて、プロジェクトとしてのGOサインを得て、若手技術者3名で動き出した。まさにケース・バイ・ケースであり、適材適所で課題に取り組んでいることがわかる。

前川製作所における働き方について、食品事業ブロック・グループリーダーの小野里は次のように説明している。「自分がやりたいものがあれば、それを形にするために動いても、誰も文句を言わないし、逆にいろいろな人が支援してくれる。マエカワには、そういう『型にはまらない型』があるような気がする」。前川製作所の社員は、一人ひとりの個性が尊重される働き方をするのである。「マエカワの型」というべきものが存在しておらず、「型にはまらない」のが「マエカワの型」なのである。どんなタイプの人でもいいし、どんな働き方でも受け入れる。自らがやりやすいスタイルを形成していきながら、結果を追求していく。

近年、研究においても実務においても、生産性を高める組織形態に対して関心が集まっている。営業活動を活性化させる営業組織（佐々木 他 2013）や研究開発における組織形態（真鍋 2012）などの研究が進められているが、前川製作所からは、いかに「個」の活躍を促進させるかという「個」の見直しの必要性が感じられる。

太田（2017）は、和を重んじる共同体型の組織では、「出る杭」となるような新奇性のある人材やアイデアは良しとされずに、社員個々の足の引っ張り合いが生じやすく、イノベーションが生まれにくくなると指摘している。しかし、太田が主張する共同体の負の側面は、前川製作所には該当しない。同社では、「出る杭」となる個性的な人材や働き方が、むしろ奨励されている。「マエカワ流の共同体」においては、和が強要される働き方は存在せずに、個がのびのびとチャレンジできる環境が整えられている。それは、中途半端なものではなく、徹底的な共同体発想の進んだ組織のなせる業だといえる。

▼稟議書不在の意思決定

読者の皆さんが所属している組織では、どのような意思決定方法がとられているだろうか。ある程度の規模の組織であれば、何段階かの定められたプロセスを経て意思決定されるはずである。ところが、前川製作所における意思決定の方法は、大企業ではまず考えられないような形式がとられている。

例えば、ある社員が取引先で顧客の困りごとを聞いた場合、彼は「我が社でできると思います。是非、やらせてください」と返答する。そして、該当案件に関する社内のキーマンを独自に見つけ出し、彼とキーマンが直接相談を始める。その際、部署や役職という壁はなく、若手であっても経営幹部クラスを捕まえて直談判することも可能である。実際、一般の社員が、社長に直談判をして、その場でGOサインを得たこともある。GOサインが出ると、証明として署名をもらう。署名は、「責任は俺が取るから進めてもよい」という証である。この話をヒアリングで聞いていた時、我々は本当だろうかと疑った。大企業で、そのような意思決定が本当に行われているとは思えなかったからである。そこで、GOサインなるものを見せて下さいと

図6-1 ▸ プロジェクトを認める署名

静の人事チーム構想

目的：静の社員の定年後の活性化、処遇について本人とのヒアリングも含め、下記静の人事チームで討議し決定する。

メンバー：

製：　岩松、花木
販：　石津、当銘
技：　川村、服部
業：　関森、野地
海外：野地、堀

出典：株式会社前川製作所、社内資料。

頼んでみた。図6－1は、「これで良ければ」と言って、すぐに示していただいたものである。取り組み内容が2行で書かれており、10名ほどの名前が記されているだけの紙である。確かに、数名の署名を確認することができる。

ケース・バイ・ケースであり、すべてが図6－1のような署名で進むとは限らない。だが、一般的な日本の大企業と比べれば圧倒的なスピードで、重要な案件が前川製作所では決まっていく。しかも、発案者が必要だと思う人材を自由に集め、ベストと思われるメンバーでプロジェクトを立ち上げることができる。前川製作所によるこうした意思決定は、時間短縮による競争優位性とともに職能横断的なチーム形成という競争優位性の源泉に結びつく鍵となっている（Stalk and Hout 1990; Darroch and McNaughton 2003）。とりわけ、これまでの研究により、職能横断的統合は、欧米でも日本でも製品開発の成果にプラスの効果をもたらすことが知られている（恩藏 2017）。

前川製作所には、プロジェクトを始めるまでの手順、プロジェクトが決まってからの手順、さらにはプロジェクトが進行中の手順において、「こうしなければならない」、「こうすべきである」という定型のルールが存在しない。「見える化」された定型の手順を経ることなく、人と状況に応じて瞬時に意思決定が行われていく。迅速かつ柔軟な意思決定が行われる一方で、明確にオーソライズされているために、社員はのびのびとチャレンジすることができる。極めて小規模で、あたかも家族経営のような意思決定が、大企業のなかで行われ続けているのである。

この不定式な組織構造と意思決定の自由度の高さには、前川製作所に就職した社員は皆、はじめのうちは戸惑うようである。前川正（現、会長）ですら入社時には、「こんな無秩序で、カオスでいいのか」と戸惑ったという。しかし、担当者としての「個の思いと力」次第で、どのような案件も実現できるというチャンスがあるのだとわかってくると、社員の戸惑いはやりがいに変わっていく。同社90周年を記念した書籍の出版時、社員による座談会での発言において、入社10年ほどの社員は次のように述べている。

「最初にマエカワに入って戸惑うのが、何がマエカワのやり方なのかよくわからないところ。どういう仕事のやり方をしていいのかわからないまま、現場に行かされてしまう。……（中略）……でも、それに慣れてしまうと、こんなに便利な仕組みはない。何もないから何でもあり」。

▼緩やかな徒弟制

前川製作所では、社員の人材育成においても独自性を見出すことができる。職人の世界に見られる厳格な徒弟制ではなく、社員交流の中で生まれる緩やかな徒弟制が、同社における人材育成の特徴となっている。厳格な上下関係や部門間の隔たりといった意識は薄く、個人が望む限り、縦にも横にも自由な交流ができる。マニュアルを暗記してから作業に移るのではなく、先輩を見て学び、共に働きながらコツを掴んでいく。技術を磨いてきた熟練技術者の先輩たちと、新人の頃から一緒に作業をすることができる。

「『教えてください』と頼めば、『しょうがない、教えてやるよ』といつでも交流できる」[10]というように、通常の企業であれば、周囲の顔色をうかがわないといけない場面も多いが、前川製作所では自由が保証されている。仮にお門違いのことを言ったとしても、「若造が」と叱られることはない。緩やかな徒弟制により、上が下を抑えつけるのではなく、個性を発揮しやすい環境が保たれている。

こうした風土を象徴する二つの話がある。あるとき、新人社員が熟練技術者のもとに製造の依頼に行く際、図面を持参していった。すると熟練技術者は、依頼にやってきた新人社員に対して、次のように伝えたという。「わかった。でも二度と図面は持ってくるな」。前川製作所では、図面を挟んだ形式的なやり取りは、時間を余計にかけ、人と人との関係構築を阻害するものとして嫌われているからである。図面を超えて、直接に顔を合わせて相談をし、キャッチボールをしながらものづくりを進めていくのが前川製作所のやり方である。

前川正雄は、自身の講演で次のような話をしている。

「入社後に経験する3年間の寮生活の最後に、『30年後に自分が何をしているか』をテーマとした論文を書かせる。そのために、新人たちは30年上の先輩たちに話を聞いて回ることになる。そこで先輩たちから聞かされる体験談が、前川製作所という会社を後輩に伝えてくれている。マエカワにも社是はあるが、それ以上に、先輩が後輩に伝える言葉に意味がある」。

面倒見は良いが、押しつけがましくない。そんな、緩やかな徒弟制が前川製作所の人材を支えているのである。

▼共同体発想の特徴

本章では、前川製作所の共同体発想に基づく、個と組織の不定式化について述べてきた。現在、多くの大企業が進めている効率重視の考え方を管理型発想としたならば、管理型発想と共同体発想は多くの点で異なっている（表6－1）。

管理型発想においては、見える化を進めて効率化と課題発見を狙い、強固な階層構造のもとで意思決定の定式化を徹底する。顧客は、自社に利益をもたらす取引相手として捉える。共創マーケティングの概念では、顧客をパートナーとして捉えるが[11]、あくまで自社の成長のためのパートナーであり、「同じ組織の一員」という感覚を持って、共に成長を志すまでの発想ではない。人材育成では研修制度を整え、大勢に均一的な学習機会を提供できるようマニュアル化を進める。社員個々に求められる役割は、企業全体の運営というシステムの一部として、エラーを生じさせずに動かし続けることである。

一方、共同体発想においては、あえて見えない化を保つことで柔軟性と迅速性を保持し、適

表6-1▶管理型発想と共同体発想

	管理型発想	共同体発想
方針	見える化	見えない化
マネジメント	階層構造	適材適所
意思決定	定式化	不定式化
顧客	取引相手	同じ組織の一員
人材育成	マニュアル化	緩やかな徒弟制
個の役割	システムの一部	自由な活躍

出典：筆者作成。

材適所のマネジメントと、不定式な意思決定を実行する。顧客は共同体の一員として捉えて、一緒に考えて、一緒に成長していく道を模索していく。人材育成ではOff JT以上にOJTを重要視し、社員同士での関係に基づいた緩やかな徒弟制の下で進められる。そして、社員は個々に自由かつ大胆で、積極的な活躍を期待されて動き回る。

もちろん、共同体発想があらゆる点で、管理型発想を上回ると主張するつもりはない。前川製作所が社内の管理を一切放棄しているわけではないし、業種や業界によって、適した組織文化もあるだろう。しかし、多くの大企業が、創業時から中小企業規模時までは持ち合わせていた発想を、あえて捨てない選択をして、自社の強みとしている前川製作所の存在は、管理型発想に一石を投じるものとなるだろう。

註

（1）フリーアドレスオフィスとはオープンオフィスで座席を共用するスタイルで、机とイスが用意された部屋に、社員は携帯電話や、無線ＬＡＮ、ノートＰＣを持って、空いている机で仕事をする（https://www.kokuyo-furniture.co.jp/anashira/free_address/episode1.html 参照）。
（2）南陽一浩（2017）「ＪＡＬが「フリーアドレス」オフィスを2年で12部署に増やした理由」文春オンラインを参照。
（3）「いまどきカイゼン１００　あなたにもできる！　現場発カイゼンNext」『日経ビジネス２０１５年6月29日号』日経ＢＰ社、45ページを参照。
（4）「すごい制度１００　強さは仕組みに宿る」『日経ビジネス２０１１年8月1日号』日経ＢＰ社、24ページを参照。
（5）前川製作所、社内資料を参考に記述。
（6）前川製作所、社内資料を参考に記述。
（7）前川製作所、社内資料を参考に記述。
（8）前川製作所、社内資料より引用。
（9）https://doda.jp/careercompass/yoron/20140325-8808.htmlを参考に記述。
（10）『前川製作所90周年技術史』座談会より。
（11）『次世代共創マーケティング』参照。

第7章

知識を身体化させる

前川製作所は、組織としてだけでなく、個においても定式を作らないことについて第6章で触れてきた。定まった型や流れがあると、そこで行動する者は取り組みやすい。半面、パターンやルーティンが存在しているならば、個人の能力や知恵を絞る部分は限られる。定まった型がなければ、社員は常に臨機応変が求められ、それぞれのやり方で個々に能力を磨いていかなければならない。そして、一般的には考えられないようなノウハウの蓄積方法で、独自の成長プロセスを歩んでいく。

日々の業務において、定式的な、固定のプロセスをたどって結果を出すこと、成長することは、前川製作所では求められていない。むしろ「自分なりの方法」に磨きをかけ、成果を出すことの方が重要視されている。本章では、前川製作所が重きを置く「自分なりの方法」について、元社長であり現在は顧問を務める前川正雄が用いる「知識の身体化」というキーワードを

図7-1▶知識の身体化が生み出す強み

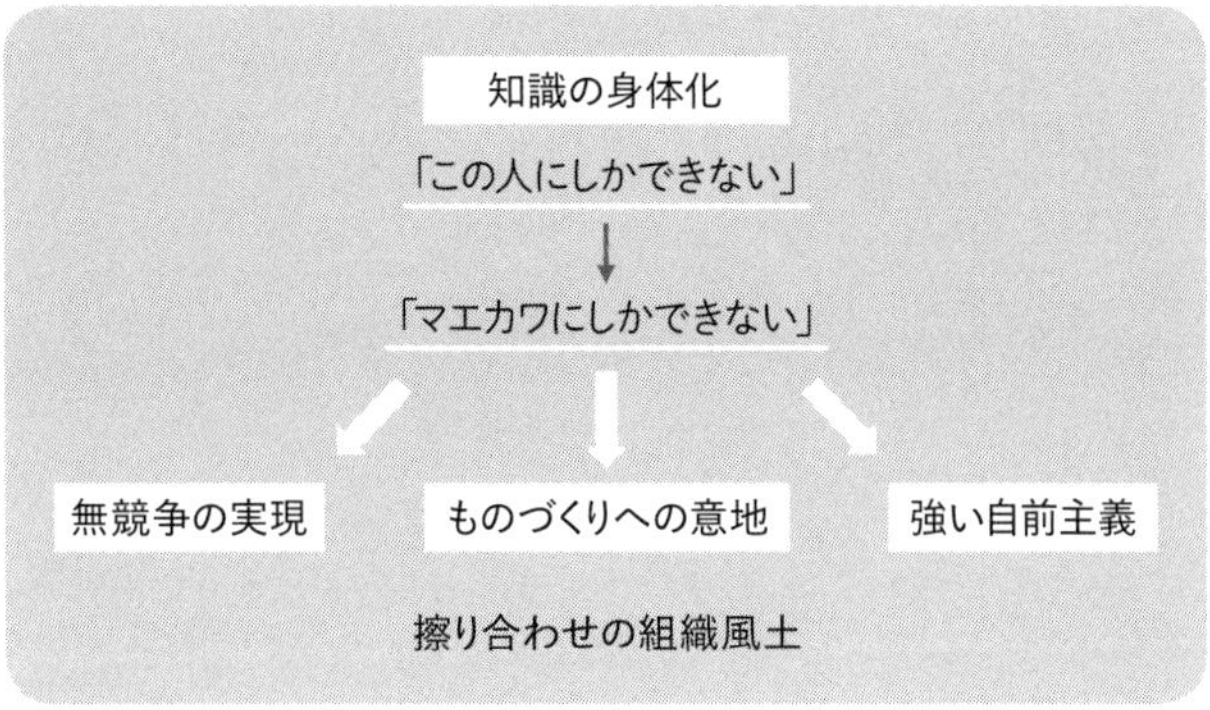

出典：筆者作成。

出発点として考察していこう。

　個々の社員が得意な方法で好き勝手に仕事を進めることは、たとえ結果が伴ったとしても、通常の組織としては受け入れにくい。その理由の一つに、結果の再現性が伴わないという点がある。一度は上手く成功しても、二度、三度と続く保証がなく、担当者が異動や退職等でいなくなり他者に代わると、引き継ぎようがない。個への過大な依存は、短期的には望ましい結果が得られたとしても、中長期的には企業にとってリスクを招くことが少なくない。

　そこで、多くの組織では知識を形式化し、特定個人の経験やノウハウを組織のものへと変換している。個人の抱える暗黙知を表出化させて、形式知に変える。「ある個人のきわめて主観的な洞察や勘は、形式知に変換して社内の人達と共有しないかぎり、会社にとっては価値がないに等しい(1)」と指摘されているとおり、前川製作所のような社員4000人を超える大企業で、社員それぞれがかなりの自由度をもって仕事を進めることは、通常ならば歓迎されないはずである。

ところが同社では、「知識の身体化」を進めることによって、「この人にしかできない」というものづくり、サービス提供、ネットワーク形成を奨励している。複数の「この人にしかできない」が積み重なり、一つの塊へと昇華されていくと、「マエカワにしかできない」ビジネスが生み出される。我々は、この知識の身体化が「無競争の実現」、「ものづくりへの意地」、「強い自前主義」といった同社を支える強みの形成に結びつくと考えている。そして、「擦り合わせ」という概念に基づく同社ならではの作業手順が、個への依存によって生じかねないマイナスの側面を打ち消す役割を担っている(図7-1)。自由にのびのびと動き回り、成長を続ける前川製作所の社員は、独自の仕組みに基づきながら知識や技能の継承を実現している。まずは、知識の身体化という概念について説明していこう。

▼「知識の身体化」とは

前川製作所において考えられている「知識の身体化」とは、社員一人ひとりが知識を頭で覚えて理解するだけでなく、体を通して感じ取り、習得し、独自の形で実行できる能力を意味している。仕事をしていくうえで必要となる知識、理論、学問は、まずは頭に入れることから始まる。冷凍装置であれば、部品の名称や製造技術を覚え、エネルギー源の種類を知り、それぞれのメカニズムを理解していく。

これらの頭に入れた知識をそのまま使用する能力は、「覚えた、あるいは教わったことを上手く実行する能力」といえる。しかし、その能力だけでは、「方法を教えてもらわないと、できない、動けない」人材にとどまってしまう。指示書やマニュアルに縛られた人材ではなく、自分なりに考え、行動し、解決していく能力が同社では育まれている。それが知識の身体化であり、実践を繰り返していく中で、本質を感じ取り、実践に自分の特徴を反映させていく能力である。その結果、「この人にしかできない」能力へと進化していく。

１９９８年の長野オリンピックにおいて、三つのスケート場と一つのボブスレー会場で前川製作所の冷凍機が50台ほど利用された。それらの冷凍機の設計を任されたのが、山本（現、回転機技術顧問）だった。オリンピック会場に設置される冷凍機には、通常よりも遥かに環境性能の高い特別機が求められた。そのため、フロンではない自然冷媒で、かつ冷媒としての能力の高いアンモニア冷媒の冷凍機で設計する必要があった。第3章で取り上げたニュートンの事例で見てきたように、アンモニアは優れた冷媒であると同時に、毒性と可燃性があり、取り扱いの難しい冷媒でもある。オリンピック会場でアンモニアが漏れるような事態は、絶対に避けなければならなかった。

アンモニア冷媒の冷凍機で用いるモーターやコンプレッサーの設計に関しては、当時の前川製作所では、山本が突出した知見を有するキーマンであった。そのため、真っ先に山本に声がかかった。「山本にしかできない」という案件だった。同様に、製造技術、製品ジャンル、営業経験、海外経験といったあらゆる分野において「この人にしかできない」領域があり、前川製作所ではそうした身体化された知識を組織内で融通し合って、ビジネスを動かしているのである。同社東広島工場の取締役前工場長の川津は、「社員はそれぞれ、個々の『マエカワ』を持っている。社外においては、顧客のためにマエカワという塊として対応をする」と述べている。

体を通して感じることで、知識や論理は初めて自分のものとなる。身体化された知識という と、特殊な話に聞こえるかもしれないが、実は多くの人が経験している感覚である。スポーツを思い浮かべてみてほしい。例えば、テニスで強力なサービスを打つためには、球を上げるトスの最適な位置、ラケットの握り方やフォームがそれぞれ必要となる。しかし、それらを本で読んだり、テニススクールで教わったりして、頭で理解したからといって、上手いサービスが実際に打てるようになるわけではない。

はじめは上手くいかないながらも試行錯誤を続けて、自分に合ったトスと握り、フォームや球種を形作っていく。そして熟練の後、自分なりの特徴を出したオリジナルの強力なサービスが打てるようになる。さらに、一定の熟練を経れば、テニスのプレー中にサービス、ストローク、ボレーの打ち方を逐一考えながらプレーすることはなくなり、考えずとも判断し、体が動いていくようになる。ラケットのどの部分に球を当てて、どのくらいの力を入れて振り抜くかは、ラケットが体の一部になる感覚を持ってコントロールする。こうした熟練による独自の打ち方の形成、思考を超えた反応、感覚による実行をビジネスの現場で発揮するのが、まさに前川製作所で実践される「知識の身体化」である。

テニスと同様に、開発、製造、営業、サービス、マーケティングといったビジネスの各場面においても、知識の習得と習得された知識の実践を繰り返していく。そして試行錯誤の中で、身体化が進んでいく。「わかる」という認識や理解までは比較的短期間でたどり着けるが、「使いこなす」という段階までには長い時間がかかる。近代マーケティングの父とも呼ばれているコトラー教授は、「マーケティングは一日で学べる。しかし、使いこなすには一生かかる」と述べている(Kotler 2003)。前川製作所では、ビジネスのあらゆる局面において、一人ひとりが知識や理解の段階にとどまるのではなく、独自に使いこなす水準にまで引き上げることが求められているのである。

第4章で紹介したトリダスにおける兒玉は身体化の好例である。知識の身体化が進んだことで初めて、「肉と骨を切る」ではなく「切れ目を入れて引き剥がす」というロボットの設計アイデアにたどりついた。また、食品加工工場への冷凍装置および加工用自動化装置の営業を担当していた岡田は、冷凍コロッケの製造工場への営業にあたって、工場へ通いつめた。営業活動を通じて、ゼロから少しずつ関係を構築し、工場内に入れてもらえるようになっていった。

次に、工場内の機械を含めたあらゆる寸法を測定していき、工場がいかにして動いているのか、精密な図面を作成した。工場長からの依頼があったわけではなく、半ば勝手に始めた活動だったという。完成した図面を基にして、食品衛生管理の基準を満たす工場計画や生産コスト低減、生産性向上、視認性向上、環境性能向上といった幅広い提案をすると、工場長は大いに喜んでくれ、そこから一気に信頼関係の構築と受注が進んだ。このとき、コロッケ工場内の製造ラインに精通していくことで、「目を閉じても、どこで何が起きているかがわかる」状態にまでなったという。これは一つの、身体化の進んだ状態と言える。知識の身体化が進み、コロッケの製造ラインについて体を通して感じ取り、その結果、担当者にしかできない提案が生まれたのである。

▼知識の身体化がもたらす価値

前川製作所の顧問である前川正雄は、「知識の身体化は、仕事をしていくうえで前提条件であり、身体化しないとものにならない。そしてものにならないと産業にはならない」と述べている。そのため、同社では社員が知識を身体化するプロセスを大切にしている。知識の身体化には、試行錯誤の中でさまざまな失敗を経験したり、その克服のために労力を要したりするので、失敗を許容し、失敗の克服をサポートする価値観が組織内に根付いていなければならない。

図7-2 ▶ 知識の身体化と価値創造

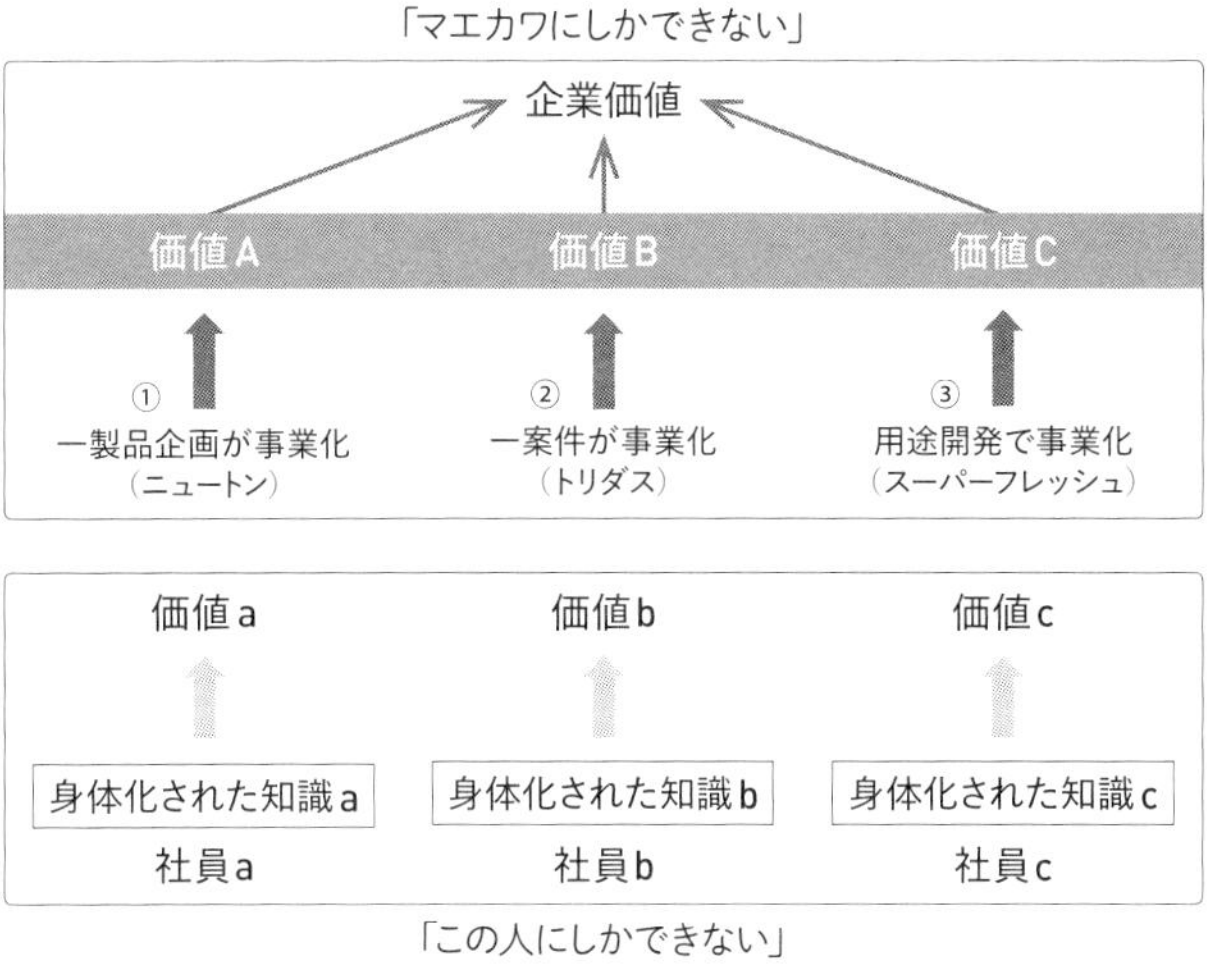

出典：筆者作成。

もちろん、大きな失敗をしても咎められることのない評価制度が不可欠である。同社の社員たちは、「考えつくした末のチャレンジであれば、失敗をして咎められたことはない」と口を揃える。たとえ億単位の損失を出してしまったとしても、その失敗に対する評価上のペナルティは発生しない。「いい勉強をさせてもらった」、「同じミスは繰り返さない」と受けとめて、次のチャレンジに向かう。第5章で見てきたように、前川製作所では、失敗から大きなビジネスへと昇華させてきた経験が少なくない。

前川製作所では、社員個人の能力においても、特定の型にはめるのではなく、「自己流」を促している。他者の自己流を見て、自身の自己流が形成されていくのである。そして、個々の自己流が集積されて、企業の自己流になっていく。

ニュートンのように、プロダクトアウト型で担当者の自己流によって開発された一製品企画が、次の脱皮を狙う中核事業にまで大きくなり、新たな企業価値を生み出している（図7－2①、詳しくは第3章参照）。また、トリダスのように、マーケットイン型で担当者の自己流によって造り出された一製品が、グローバル・ビジネスとして「マエカワにしか創れないもの」という企業価値を強化するほどの事業に育っている（図7－2②、詳しくは第4章参照）。そしてスーパーフレッシュのように、担当者の自己流が継続的なニーズ発掘と用途開発を導き、息の長いビジネスを生み出し、新しい企業価値へと結びついている（図7－2③、詳しくは第5章参照）。つまり、「この人にしかできない」が、「マエカワにしかできない」、「マエカワの価値」になっていくのである。知識の身体化という概念は、「マエカワにしか創れないものを創る」という同社の理念の根幹をなしている。

▼「無競争」志向

前川製作所では、「競争」という言葉を使わない。筆者たちが取材中に「競争力」、「競争優位」、「競争相手」などという言葉を使おうものなら、「でも、うちは競争しないので」と、どの社員も口にする。身体化の進んだ社員たちは、他社といかに差別化するか、競争優位を実現できるかという発想には至らない。どうすれば顧客が喜んでくれるかが第一義にあり、そのために、より良いものを作ろうと考えていく。そうした意識が、「他社ができないことをやってやろう」という考えにつながっていき、結果として競合との棲み分けが進んでいくのである。

だからこそ、前川製作所の社員たちは、「同業他社が断った案件だと聞くと、急にやる気がわいてくる」、「普通ならやってられないようなことまで、やってしまう」と言う。取り組むべき課題が見えていながら、同業他社が技術的に不可能であるとして諦めていたり、割に合わないために引き受けなかったりすると、「だからこそ、うちがやるのだ」と自社の存在価値を示すために尽力する。

同社専務取締役の重岡は、「マエカワは物を売っているのではなく、コトをつくりに行っている」という表現をしばしば用いている。「自社で完結したものを造って、それを顧客に売りに行く」という発想だと、どうしても顧客との上下関係が明確になり、単に頭を下げに行くだけになりやすい。そうではなく、「まだ存在しないようなものを、顧客と一緒に考えて、生み出していく」と考えれば、自社と顧客が同じ立場に立つことができる。よりフラットな感覚を持てるわけだ。こうした価値観があるからこそ、前川製作所では「存在しないものを創っていくから、競争という概念は持たない」という意識を個人も組織も有するものと思われる。

▼ものづくりにかける意地

「『できません』はマエカワではない。お客様の声に応えられなくなったら、マエカワではなくなる」。これも、複数の社員の口から出てきた言葉である。同社では、個としてのオリジナリティの追求が、組織としてのオリジナリティの追求を導いている。個が有するものづくりへの意地や誇りが、前川製作所の組織としてのものづくりへの覚悟に結びついていると言える。

それゆえに、営業時の雑談（詳しくは第4章）で出てきた顧客からの要望、ときには無理難題とも聞こえるような要求に対して、常に正面から受け止めようとする。「社で検討してみなければわかりません」ではなく、「できるかもしれません」と答えて、可能性を自ら潰すことは決してしない。必ず肯定的に応じる。その上で、社内の複数のキーマンに相談して、判断を下すというのが同社の基本姿勢となっている。この一連の流れは、第4章で見てきたトリダスの事例でも、第5章のドーム型サテライトフリーザーでも、如実に表れている。

こうしたものづくりにかける意地は、前川製作所だけが持ち合わせているものではない。製造業、なかでも町工場であれば、その多くがものづくりにおける誇りや意地を有している。無理難題に応えることで技能が磨かれていくものづくりの姿は、町工場に共通する感覚であり、規模拡大や株式上場とともに大企業が切り捨ててきた感覚とも言えるだろう。町工場によるものづくりの意地が見られる事例として、テルモ株式会社(以下、テルモ)のナノパスがある(永井・恩藏 2013)。

テルモのナノパスは、痛くない注射針を目指し、極限的な注射針の細さを追求した製品である。ナノパス開発に当たって、注射針を単純に細くすることはできたが、針穴の直径が細くなることで注入抵抗(液体流れの悪さ)が大きくなってしまうという問題に直面していた。注入抵抗を解消するには、針の根元は太く先端にいくほど細くなるというテーパー構造の実現が求め

図7-3 ▶ テーパー構造の注射針

［ハーゲン・ポアズイユの法則］

パイプの中を液体が流れる際の流量や圧力、そのパイプの半径や長さなどの関係を定義する法則および公式。

全体に細くすると注入抵抗は大きくなる
先を細くして根元を太くすると注入抵抗は大きくならない

出典：テルモ株式会社、社内資料。

られた（図7－3）。

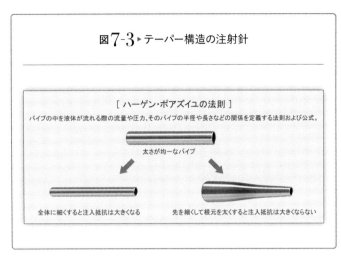

従来からの注射針の製法は、金属（ステンレス）を筒状のパイプにして斜めに切り分けることで原型を作るというものだったが、この製法では太さが均一なものしかできず、テーパー構造を実現することは不可能だった。そのためテルモは、全国の注射針製造を専門とする町工場をはじめ、さまざまな金属加工企業を訪ねて回った。図面を片手に相談に回り続けるも連戦連敗で、断られた数は実に百社近くに及んだという。途方にくれていた開発担当者が名古屋に立ち寄った際、友人に話をしたところ、「岡野さんに話を持っていってみてはどうか」と薦められ、東京都墨田区の中小企業、岡野工業株式会社（以下、岡野工業）を訪れた。

岡野工業は金型製造とプレス加工を手がけ、金属の板をプレスで深く搾って成型する深絞りをコア技術とする企業である。なかでも、金属を常温のままプレスで目的の形に加工する冷間鍛造を得意としていた。同社は従業員4名の小規模ながら、その高い技術力と開発力は製造業の間では有名で、これまでに独自開発した製品は多岐にわたる。手がけてきた代表的な製品には、口紅やライターのケース、カラオケで使用されるマイクの網部分から、携帯電話のリチウムイオン電池ケース、ウォークマンのガム型電池、プリウスのニッケル水素電池の筐体などがあり、アメリカ国防総省やＮＡＳＡからの受注を受けたこともあった。

そうした実績を誇る同社の代表社員、岡野雅行でも、テルモの持ち込んだ図面には頭を悩ませた。細さを極限まで追求する注射針の図面を実現する手段が、すぐには思い浮かばなかった。しかし、「他社にはできないものを作る」を信条としている岡野にとって、「できない」という断りの文句は口が裂けても言いたくない言葉だった。15分ほど考えた後に「いくつかの技術を組み合わせればできないことはない」と答え、その返答にテルモの開発担当者は逆に驚いた。

幾つもの試行錯誤を経て、岡野は注射針の製造方法を一から見直し、板状の金属を丸めて、各部分を密着させて筒状に変形するという前例のない製法を開発した。丸めたときにテーパー構造となるようにあらかじめ太さを調整した板金を用意し、それを筒状にすれば、細くて液がスムーズに流れるという利点を両立させられると考えたのである。こうして開発されたナノパスは、患者からの指名買いが起こるほどに高い支持を受け、テルモは、使い捨て注射針の国内シェアを20％弱にまで伸ばすことに成功している。

▼突出した自前主義

前川製作所の「自己流」の延長線上には、突出した自前主義のものづくりが見えてくる。土地整備から工場建設までを自社で手掛けた新工場設立のエピソード（第1章参照）や、製品の製造からパッケージ化、施工、メインテナンスまでをすべて自社で対応するニュートンの事例（第3章参照）などを取り上げてきたが、同社は「ビジネスに関して、できることは自社で何でもやる」という姿勢を以前から持ち続けている。同社の自前主義の中でも、製造における自前主義は特筆すべきものがある。

創業者である前川喜作の「よそでやらぬことをやれ」という言葉に始まり、知識の身体化を通じて無競争の実現に取り組んでいる同社は、「マエカワにしかできないこと」、「マエカワだからこそやるべきこと」を追求している。製品のアイデアやニーズを顧客から吸い上げ、顧客と共に考え造り上げることは、同社では一般的であるが、こと製造に関しては一貫して自前主義を貫いている。同社の強い自前主義について、2003年に新設され、現在でも増設が続けられている国内製造拠点の東広島工場を通して見てみよう。

前川製作所は、マザー工場である茨城県の守谷工場、トリダスをはじめとする食品加工ロボットを開発する長野県の佐久工場、そして海外に七つの工場を有しているが、2003年から新たに広島県の東広島工場が加わった。総敷地面積は13万平方メートルに及び、東京ドーム三つ分に相当する敷地内に、制御盤の設計と製造、小型環境ユニット(試験室)、そして鋳物工場がある。今後、守谷に並ぶ一大製造拠点とする計画である。

東広島工場の大きな特徴は、鋳物部門を持ち合わせている点である。通常、冷凍機メーカーが冷凍機を製造する場合、圧縮機のパーツとなる鋳物(金属を溶かし、特定の形に流して固めたもの)は鋳物メーカーに外注する。メーカーが鋳造工場を買い取ることもあるが、ゼロから独自に造り上げることは通常ではまずない。鋳造作業には、大きな設備投資と高い製造技能が求められるからだ。

前川製作所では、消失模型型鋳造法を採用している。これは、発泡スチロールで模型を作り、その模型を砂に埋めて溶湯（液体状の金属）を流し込む鋳造法である。発生する煙が少ないため環境性が高く、バリの少ない鋳物を製造でき、時間や工程を短縮できる。現在、炉（金属を溶かす装置）は2機であるが、さらに2機増設する予定で、鋳物の製造ラインが完備される。

取引先の鋳造工場の廃業を受けて、自前での技術開発に乗り出し、2007年から鋳物部門をスタートさせている。外部技術者を呼び、鋳造技術の素人状態から、12年かけて社員と工場を現在のレベルにまで引き上げた。鋳物部門では平均年齢34歳という若い技術者たち約90名が働いているが、そのうち金属を流すことのできる技術者は4名である。東広島工場は自社製品用の鋳造に加えて、取引先から頼まれる製造案件もあり、将来的にはより広く、外部からの鋳造受注を見込んでいる。

鋳造機能を持つことで、素材、鋳物、加工、コンポ組立、パッケージ化、電装、制御という冷凍機製造の全プロセスを東広島工場に集約できる。これによって、設計・試作・製造・改良といった各機能をより迅速に、柔軟に、自社と顧客だけで回していくことが可能となり、前川製作所の強みに一層磨きがかけられる。国内製造拠点のうち、守谷工場は大型プラント製造の拠点、佐久工場はロボット研究開発の拠点、そして東広島工場は中小量産品製造の拠点と機能を分担して、前川製作所のさらなる成長のエンジンとなっている。

▼「擦り合わせ」で進化する組織

知識の身体化の進んだ社員たちは、まさしく「余人をもって代えがたい」存在であり、代替の利かない人材となる。同社の組織づくり上、同一的な個（社員）を新たに育成することは難しく、それゆえ個への依存には光と影が見受けられる。

前川製作所の社員は、「仕事がヒトについている」と表現しているが、ニュートン（第3章）やスーパーフレッシュ（第5章）のように、担当者個人の能力やネットワーク、思い入れによって成功した事例もあれば、ウイングチラー（第5章）のように、担当者個人の思いを組織に展開できずに消え去った事例もある。また、前述の長野オリンピックにおけるアンモニア冷媒の特別機を担当した山本の「俺にしかできない」は、裏を返せば彼がいなければ実現できなかったことになる。業務の集中や、他社への引き抜き、病気などで、特定のキーマンが関われなくなったときの人的リスクが常について回るのだ。

前川製作所では、こうした個への依存によるリスクを乗り越えるための組織づくりに取り組んでいる。そこで出てくるのが、「擦り合わせ」の概念である。「擦り合わせ」とは、もともとは仕上げ職人の使う言葉で、加工精度の低い製品を完成させるために、ぴったりと合うように削り、磨き、擦り合わせることをいう。同社ではこの擦り合わせを、社員個人の間、個を束ねたチームとチームの間、そして自社と顧客などの別組織の間にそれぞれ当てはめて、個と組織を進化させている。

擦り合わせには三つの次元がある（図7－4）。まず一つ目は、個人間である。個々の担当者間で、一案件に関する個人の提案や主張、製品設計、特定技術における擦り合わせが行われる。営業担当者間で、製造担当者間で、営業担当者と製造担当者で、各々が行う新しい提案が擦り合わせの一歩目となる。社員同士の身体化された知識は、擦り合わせを通して、まったく同一のものにはならずとも、同程度の高い水準になっていく。

次に、チームとチームでの擦り合わせがある。複数のメンバーからなるチーム同士で、事業に関する提案や主張、製品システム、サービスなどにおいて議論が行われる。前川製作所という共同体の中で、所属や経歴を超えて本音を吐露する活発な議論を行い、衝突を繰り返す。衝突を経験することで、初めて相互の深い理解が可能となり、事業内容が固まっていく。こうした社内における個人間、チーム間での擦り合わせを行うため、同社では定期的に合宿を行い、

図7-4 ▸ 三つの次元で行われる擦り合わせ

通常	対象	内容
組織間（対市場）	ソリューション対応	環境把握、ソリューションの完成度、新規提案
↑		
チーム間	事業対応	チームの提案や主張、製品システム、サービス
↑		
個人間	知識対応	各自の提案や主張、製品設計、特定技術

出典：筆者作成。

メンバーが徹底的に議論できる機会を設けている。身体化させた知識を相互にぶつけ合うことで、合意形成と新たな方向性がでてくるのである。前川製作所にとっての合宿とは、「頭で創って論理化しただけでは、説得はできても納得まで行きつかない。身体化の擦り合わせによって、納得に行きつくことができる」場なのである[2]。

そして三つ目の擦り合わせは、組織間で行われる。前川製作所と別組織との間で、環境把握、ソリューションの完成度、新規提案などに向けての擦り合わせを行う。顧客はもちろん、サプライヤー、あるいは省庁や大学を相手として、ソリューション対応を目指して組織と組織で擦り合わせてい

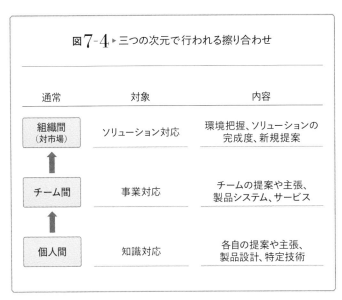

く。

組織間での腹を割った擦り合わせは、相手を共同体の一員として、仲間として受け入れるからこそ可能となる。その結果、同じ目線での議論がなされる。こういった擦り合わせの組織風土に包み込まれる形で、個が独自に自由な活躍を見せ、個の身体化された知識を擦り合わせ、さらに組織として進化していく。前川製作所の成長には、「知識の身体化」と「擦り合わせ」という循環を生み出す組織づくりが大きく貢献しているのである。

註

(1) 野中・竹内(1996)より。
(2) 株式会社前川総合研究所、社内資料より。

第8章

「動」と「静」の人材を活用する

前川製作所には、いわゆる定年がない。制度的には60歳で定年の権利は発生するが、健康上の理由を除けば、60歳で会社を去る人はほとんどいない。40代から50代の社員からすると、「60歳の定年で会社を辞めると聞くと、『何かあったのかな』と心配になる」ほどであるという。前川製作所では、勤務日数や勤務時間を抑えながらも、60歳以上の社員たちを「生き字引」と称し、リスペクトを払いながら彼らが有する経験や知恵を最大限に活用している。実際、我々が取材した参事の寒風澤敏和（66歳）、審議役の岡正（76歳）、回転機技術顧問の山本恭男（83歳）は「生き字引」である。[1] 業務も役職もさまざまだが、彼らはそれぞれに、中堅の頃とは明らかに異なる価値を前川製作所にもたらしている。

前川製作所では、20代から40代の社員を「動」、50代以降の社員を「静」として、社員の能力や役割を大きく二つに分けて捉えている。そして、「動」と「静」を融合させることで、

「動」だけ、あるいは「静」だけでは生み出せない価値を導出すると同時に、高齢化の進んだ社員に活躍の場を創り出している。

本章では、前川製作所の「動」と「静」の考え方を、高齢化社会における一つの人材活用モデルとして取り上げる。現在、そしてこれから先長らく、日本は超高齢社会[2]であり続ける。また、欧米の先進国の多くも高齢化社会に突入している。中国、韓国、シンガポールといったアジア諸国も2020年以降、急速に高齢化率を高めていくと予想される。高齢化社会において、シニア人材の有効活用は、多くの国と企業にとって共通の課題と言える。本章で紹介する前川製作所の「動」と「静」の人材活用は、その解決策を見出す上でのヒントになるものと思われる。

▼20歳から90歳まで働ける場

グループ会社を除いた前川製作所本体の社員の年齢構成を見てみると、60代以上の社員数は、1994年時点で125名、2004年時点で196名、そして2014年時点では28

1名と増え続けている。[3] 一般的な企業であれば、体力があって集中力が持続しやすい世代の社員、いわゆる働き盛りを多く抱えたいと考える。一方、賃金が高くて衰えを見せるシニア人材は、できるだけ早く削減したいと考えるだろう。しかし前川製作所は違う。シニア人材の能力を、衰えではなく変化と捉える。シニア人材は若手や中堅にない能力を備えているので、組織の中で異なる役割を発揮してもらおうと考えるのである。

同社では、「定年ゼロ」に向けて、幾つかの仕組みを設けている。まず、60歳以降の継続雇用に向けて、50歳になると「場所的自己発見研修」を受講してもらう。ここでは「生き字引」としての働き方、働く場、組織の中でいかに必要な人材であり続けるかを考え始めてもらう。そして、56歳、58歳、60歳時点でそれぞれ、「ヒアリング&カウンセリング」を受けて60歳以降の自分の道を追求してもらう。61歳以降は1年単位で雇用契約を結び、毎年ヒアリング&カウンセリングを実施し、自己評価と他者評価を重ね合わせて、次年度の働き方を考える。給与については、60～64歳は定年直前の金額の6割が基準となり、65歳以降は個別対応となる。また、60歳以降の働き方は、フルタイム勤務でもいいし、スポット対応や仕事基準でもいい。自分の体力や生活パターンに応じて選ぶことができる。

60歳を超えて働き続けるための基本的な条件は、以下の三つとしている。この三つの条件[4]を満たせなくなったときが、社員は会社を去るときだとしている。

条件1：健康でやる気があること
条件2：自分に合った、自分らしい、やっていきたい、続けていきたい仕事がはっきりしていること
条件3：職場で一緒に働く人たちや周囲の関係する人たちも、一緒にやっていこうという理解と支援の環境が整っていること

顧問の前川正雄は、「20歳から90歳までの70年間にわたって身体化させた知識を、下の世代の社員や組織に継承していく必要がある」と述べている。60歳を超えてなお「生き字引」として会社に残るシニア人材と、20代、30代の若手、40代、50代の働き盛りの世代が日常的に交流できる組織であるということが、前章までで論じてきた前川製作所の価値観や仕組みを支えているのである。以下、高齢者が働く組織で何が生じているのかについて、日常的なエピソードを三つ紹介しよう。

前川製作所では、年齢や役職に関わりなく、フランクに社員同士の交流が行われる。それは、

図8-1▶前川製作所の本社オフィス

出典：株式会社前川製作所、社内資料。

入社後3年間の守谷工場での寮生活はもちろん、オフィスでも工場でも同様である。例えば、入社数年後の若手であっても、廊下などで直接声をかけて社長を呼び止めることができる。

図8－1は、本社オフィスの写真である。手前の左の席が前川正雄顧問の席、その右隣が前川正会長の席である。つまり、社長室はもちろん、役員室も個室も存在していない。個室は来訪してくる顧客などのためにあるだけで、会議室はすべてガラス張りになっている。そして、業務が終わると、社長が若手や中堅を誘って、門前仲町の街に飲みに行くことがしばしばある。きわ

めて風通しの良い職場といえる。

二つ目は、出張時のルールについての話である。飛行機での出張の際、60歳未満は全員がエコノミークラス、60歳以上は全員がビジネスクラスを利用する。役職は一切関係ない。つまり、社長と社員が一緒に出張に行く際、60歳以上の社員がビジネスクラスに乗り、もし社長が若ければエコノミークラスに乗ることになる。実際、前川正会長はある出張の折、同行する60歳以上の社員から座席の交換を申し出られた時、「あなたの権利だからビジネスクラスに座ってください。私も60歳になったら乗りますよ」と答えたという。それでも申し訳なさそうにする社員は、ビジネスクラスのカーテンを開けて、「このようなものが出ましたけど、社長、食べませんか」と食事を持って来た。当時社長であった前川正は、「困ったが、自分の席に戻ってもらった」と笑いながら語ってくれた。

新幹線でも同様で、60歳未満は誰でも「基本は自由席、混雑時には指定席、お客様と一緒のときだけグリーン席」だという。その理由について、前川正は、「年長者は、エコノミーで行ったら疲れてしまい、現地で仕事にならない。長く働いてもらうための、そして、きちっと仕事をしてもらうための環境づくりのようなものです」と説明している。

三つ目のエピソードは、家族的な付き合いを大切にする前川製作所が行っている、「55－30

の会」という年に一度の旅行についてである。これは55歳以上、勤続30年以上の現役社員とOBを対象とした親睦会である。これまでの参加者の最高齢は96歳で、前回は箱根に1泊の旅行に行ったという。毎回500名程度が集まり、バス8台と電車で旅行先に向かう。この会には、現役役員、社長、会長も参加するが、皆「小僧扱い」になる。役員だから、社長だから、といった特別扱いはなく、昔のままに兄貴や親父のような感覚で話をし、ビールを注ぎに回る。

「高校の野球部では、レギュラーでも補欠でも仲が良くて、その関係が卒業してからも続く感じに近いのではないかと思う」と前川正は語ってくれた。こうした日常的なエピソードからも、社員が長く働きやすい環境づくりが進められ、組織風土として浸透していることがわかる。

▼「動」と「静」の人材活用

前川製作所では、役回りを変えながら、20歳から90歳まで働ける場が作られている。彼らの役回りについて具体的に見ていこう。同社の人材は大きく二つに分けられており、20代から40代が「動」、50代以降が「静」に当たる。

表8-1 ▶「動」と「静」の特徴

動	静
20～40代	50代以降
力	技
体力	知恵
変化	安定
革新	伝統
成長	成熟
攻	守

出典：筆者作成。

「動」の人材の特徴であるとともに、彼らに求められる役割は、（1）粗さはあるが革新的な仕事、（2）目の前の人と仕事に対する熱量と集中力の高さ、（3）独創性と意外性のあるアイデアや判断、である。彼らは、マルチ型の能力を積極的に鍛えて、変化を好み、革新を推し進めて成長を目指す。現場のニーズや変化といった情報を敏感にキャッチして、より良い品質や価格、条件を追求していく現実対応型である。

一方、「静」の人材の特徴であり求められる役割は、（1）定型的ではあるが丁寧かつ緻密な仕事、（2）仕事全体に対する俯瞰的な視点と配慮、（3）妥当性の高い判断、である。彼らは、安定と伝統を重んじて、成熟を好み、知恵を深めていく。「動」の人々が捉えた現場のニーズや変化から、本質を読み解き、的確に解釈をして、新市場の発見と創出に尽力する将来志向型である。

「動」と「静」とは、別の言葉を用いて対比するならば、力と技、体力と知恵、変化と安定、革新と伝統、成長と成熟、そして攻と守になるだろう(表8-1)。彼らは同じ能力で競い合うのではなく、異なる能力を発揮して補い合い、協働するのである。「動」の人材は量・力・知識において成長し、「静」の人材は質・技・知恵において磨きをかけることが求められる。前川製作所では、「動」による変化を恐れずに前進する力と、「静」による経験に基づく安定的な知恵と洞察力、この二つの異質な価値が融合することで、企業としての広がりと豊かさが生まれると考えている。

「動」と「静」の融合

異なる能力を発揮して、異なる役割を果たす「動」と「静」が融合することで、前川製作所は成長を続ける。この融合では、「動」の側に変化を求めることは難しいため、「静」であるシニア人材の意識の変化が不可欠となる。なぜなら、「動」の側には十分な経験がなく、どのように変化すれば「静」の側と一体化できるかがわからないからだ。「動」としての経験を経ている「静」のシニア人材が、自身の役割や考え方を変化させることが、融合をスムーズに進める絶対条件となる。

定年を設ける組織の多くは、若い世代の活躍機会を奪ってはいけないという理由をあげる。確かに、年齢もポジションも上の人が長らく組織に居座ると、若い世代はやりにくく、人材は育ちにくくなる。すると、組織全体としての成長や革新がどうしても遅くなる。定年制度が広く支持されているのには、それなりの論理がある。しかし、年長者が同じ状態で組織に居座る弊害をなくし、彼らの経験や知恵だけを組織としてうまく活用しようとする仕組みが、前川製作所には出来上がっているのである。

自身が数十年積み重ねてきた「動」としての経験や知恵を踏まえて、新しく「静」に生まれ変わることがシニア人材には求められる。その際、「わかりやすいノウハウやハウツーは存在せず、自分の頭で考え、行動し、見つめ直し、新しい自分を創り続けていく以外に方法はない」[5]という。「静」が「動」に変化を要求するのではなく、50歳から60歳にかけての10年間で、次の新しい自分を創り続けることによって、初めて「静」としての道を歩み始められるようになる。したがって、「動」から「静」へと変化できなかった人材は、通常の会社と同様に60歳をもって、前川製作所から退場せざるを得ない。

変化ができなかったり、変化を誤ったりするシニア人材のタイプとして、次の6タイプが指摘されている。(6) 給料の低下や仕事内容に不平不満を繰り返し述べる「嘆き型」、何をするにも周りに頼る「おんぶにだっこ型」、仕事のえり好みの激しい「我が道を行く型」、過去の活躍話しやエピソードを回顧するばかりで仕事に精を出さない「ご隠居型」、安請け合いを繰り返す口だけの「無責任型」、そして意気込みすぎて自身の経験を過剰評価している「勘違いやりすぎ型」である。いずれのタイプも、シニア人材に限定することなく、組織人として我々自身も陥ることのないよう注意すべきだといえる。

前川製作所で求められるシニア人材の特徴として特筆すべきは、「動」である若手・中堅社員からの「一緒にやっていこう」という理解と支援を60歳以上の勤務条件として明記していることだろう。どれだけ優れた知恵や技術があろうとも、「動」と共に働くことができる「静」になれなければ、企業に残り続けることはできない。シニアのために若手・中堅が変わるのではなく、若手・中堅と一緒に働くためにシニア側の変化を求めている点が、融合を成功へと導く要因の一つと考えられる。

前川製作所の「動」と「静」の融合は、営業や製造の現場で頻繁にみられる。「動」が営業先から「できると思いますので、やってみます」と持ち帰った案件について、「どのように感じますか」と聞く相手は「静」となる。「静」は経験に照らしてみて、あるいは直感的に進めると感じるかどうかを判断する。そして進めるためには、どのようなステップを踏むべきかについて指南する。製造案件であれば、技術的な知見に加えて、過去の成功と失敗の経験をあらかじめ共有しておくことができる。過去と同じような失敗が繰り返される前に歯止めをかけられれば、時間の浪費とコストの削減へと結びつく。

▼高齢化社会におけるシニア人材の活用

現在の日本の人口は1億2693万人で、そのうち65歳以上は3459万人、総人口に占める割合（高齢化率）は27・3％である。[7] 高齢化率21％以上を意味する超高齢社会に、日本は2007年から突入しており、今後も高齢化率は右肩上がりが続いていく。高齢化は世界中で進んでおり、特に先進国ではイタリアが22・4％、ドイツが21・2％、アメリカが14・8％である[8]

図8-2 ▸ 各国の高齢化率の推移

〈G7：高齢化率の推移〉

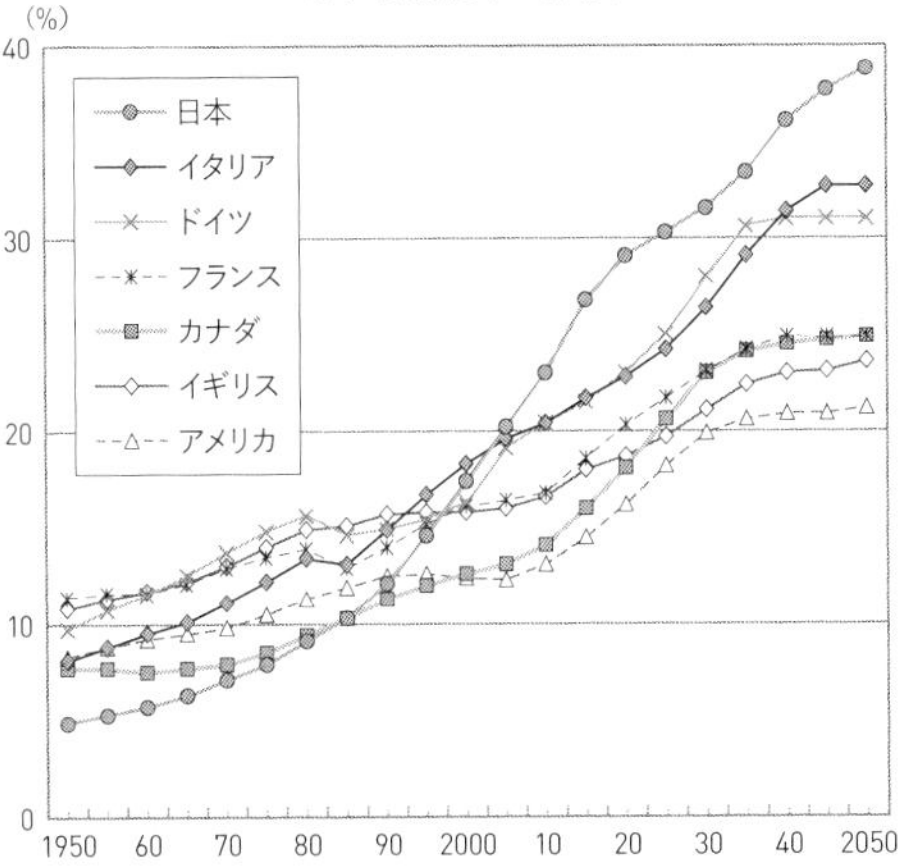

〈Asia and BRICs：高齢化率の推移〉

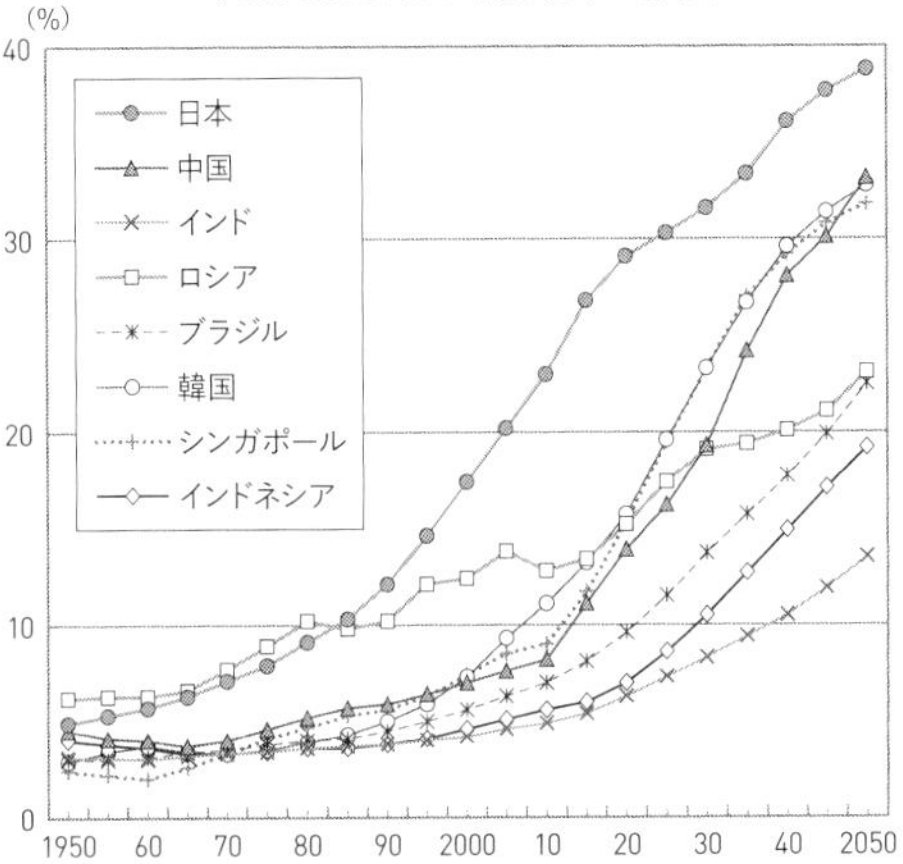

出典：「平成25年版情報通信白書」。

（図8－2）。アジア諸国に目を向けると、韓国が13・1％、中国が9・6％、インドが5・6％と未だ低い数値であるが、2020年以降に急速な高齢化が進むと予測されている。こうした高齢化社会において、組織においてシニア人材をいかに活用していくかは、世界共通の課題となっている。

とりわけ日本は、高齢化とともに人口の減少も続いており、少子高齢化社会における労働力人口の減少が問題視されている。世界の中でも先駆け的に、シニア人材を活用せざるを得ない状態に置かれているのである。こうした背景を受け、幾つかの企業がシニア人材活用の取り組みに乗り出している。

例えば、ダイキン工業株式会社では、60歳の定年退職以後、1年ごとに再雇用契約を65歳まで更新していき、その先、さらにシニア・スペシャリストとしての雇用契約を設けている。ただし現時点では、企業から「余人をもって代えがたい人材」、「さらに働いてもらいたい人材」[9]として選ばれた社員に限定されている。他にも、本田技研工業株式会社は国内全社員の定年を60歳から65歳に延長しているし、トヨタ自動車株式会社では上級SP（スキルド・パートナー）に認定された社員が、60歳以上もそれまでと同等の収入で働ける制度を新設している。

各社の取り組みの中でも、前川製作所におけるシニア人材のユニークな点としては、個人としての能力だけでなく、組織の中での協働能力を必須条件にしている点、役割の明確な変化を求めている点、そして年齢の上限を定めていない点があげられる。シニア人材には、周りが働きやすい場を自ら創り、周りから求められる人材に自身を変えていく姿勢が求められており、それが実現できている限り、年齢という指標だけで進退が決まることはない。「60歳でやめる人なんて、ほとんどいない」をすでに実現し、さらに「動」と「静」の融合をビジネスに反映させている前川製作所の人材活用方法は、多くの企業にとって価値ある先行事例となるはずである。

註

(1) 年齢は、いずれも取材当時。
(2) WHO(世界保健機関)と国連の定義では、総人口のうち65歳以上の高齢者が占める割合を高齢化率と呼び、高齢化率が7%を超えると「高齢化社会」、14%を超えると「高齢社会」、そして21%を超えると「超高齢社会」になる。
(3) いずれも、同社社内資料より抜粋。
(4) 同社社内資料より引用。

（5）同社社内資料より引用。
（6）見波（2016）を参考。
（7）「平成29年版高齢社会白書」より。
（8）いずれも2015年の数値。「平成28年度版高齢化白書」より。
（9）日経ビジネス2014年4月14日号、32ページより。

あとがき

一冊の書籍を書き上げるという作業は容易ではない。書籍の内容によっても異なるだろうが、多くの文献を読み進めたり、膨大なデータを収集し、それを分析したり、様々な実験を試みたりしなければならない。本書の場合には、前川製作所の幅広いメンバーに対して、繰り返しヒアリングを実施した。実施したヒアリングの詳細については巻末の一覧表で示したが、実は、一覧表には示されていない情報収集が幾度にもわたって実施されている。それは、電話やメールによる意見交換、あるいは喫茶店などでの打ち合わせである。

いつもの相手は重岡氏と岡田氏であるが、他のメンバーが加わることもある。正式なヒアリングが行われた前後に行われることもあれば、単独で実施されることもあった。この種の情報収集は、おそらく正式なヒアリングの回数を上回るだろう。東広島工場へのヒアリングの後では、前川正氏（当時、社長）と食事をご一緒したこともあった。この話は、とにかく努力をして情報収集に努めたことを伝えたいわけではない。仕事が終わると、仲間と近くの喫茶店や居酒屋で分け隔てなく語らい合う。スマートさはないかもしれないが、味わい深く人情味にあふれている。まさに町工場の付き合い方である。そうした前川製作所の仲間の輪に、私たちも加えてもらえたことを物語っている。

消費者調査において、被験者の本音を聞き出す一つの方法として、ワイン&ダイニングが知られている。お酒を飲み、食事をとりながら話をすれば、会議室などで話をするよりもずっと本音を聞き出しやすい。これと同様に、喫茶店などでの懇談の場では、正式な場では聞きにくい点まで踏み込んで尋ねたこともあった。民俗学研究で用いられる参与観察とまではいかないが、私たちは前川製作所という組織の中に、しっかりと入り込んで、ありのままの話を聞くことができたと思っている。その意味では、本書の第3章で論じたように、前川製作所が得意とする製品開発における顧客との共創が、私たちと前川製作所の間でも進められ、共創によって本書が書き上げられたと言ってもいいだろう。

★　★　★

前川真社長へのヒアリングにおいて、強く印象に残っている言葉がある。「仕事をしている父の姿が、とにかく楽しそうだった。実家には毎日、社員たちが出入りして、お祭り騒ぎのようにワイワイと楽しく働いている皆の姿を幼少の頃から見てきた。仕事と言うよりも、仲間たちで楽しそうにやっている。それを見てきたこともあり、最初から前川製作所に入社するつもりだった」。この言葉は、前川製作所がどのような会社であり、どのように仕事を進めているのかを明確に伝えている。

私たち大学教員の多くは、授業とは別にゼミでの指導をしている。学部生は知識も経験も未熟であるが、大学院の学生になると、各自が専門の領域を持ち、当該分野では誰にも負けないようにと努力をする。さらに、教員の第一歩である助教ともなると、自身が取り組む研究分野では指導教授よりも深いレベルに到達するようになる。

指導教授はというと、経験値を活かしながらゼミメンバーが取り組むべき研究の可能性を確認したり、方向性を修正したりする。ゼミのメンバーたちとワイワイやりながら、研究成果を上げていく姿は、前川製作所の仕事の進め方と極めて類似している。前川真社長の言葉を聞きながら、私たちが抱いた印象である。前川真社長はさらに、「前川製作所では、皆がちゃんと話せて、いろんなアイデアが出せて、一体感がある。一人の優秀な社長が動かす会社よりも、個性のある10人が自由に動ける会社の方が良い。そうした雰囲気を作るのが前川製作所の社長の仕事である」と述べている。前川製作所の社長と社員との関係は、大学院における教員とゼミ生のようでもある。前川製作所のメンバーは、しばしば町工場を引き合いに出して例えていたが、大学教員という立場からすると、大学院のゼミ活動に例えてもよさそうである。ゼミという組織は、小さな町工場のようなものである。

小規模な組織の考え方や在り方が、グローバル企業になった今でも、前川製作所にはしっかりと根付いている。本書では、それを実現するための工夫や発想に注目し、マーケティング研究者の視点で論じてきた。もちろん、組織の大きさには関係のない興味深い取り組みや考え方についても論じることができた。前川製作所が本書の出版に全面協力してくれたのは、自社の工夫や発想を社内にとどめることなく社会に発信し、前川製作所としては他者の目を通して自社の在り方を再確認したいという思いがあり、多くの日本企業に対しては参考にできる部分を役立ててほしいという思いがあったからである。

★　★　★

ビジネスの世界では、どうしても海外の動きに目が向きやすく、海外から新しい発想や枠組みを取り入れようとする。とりわけ私たちの専門領域であるマーケティングでは、欧米の動きに極めて敏感で、多くのビジネスがアメリカやヨーロッパから輸入されてきた。研究の世界でも同様であり、海外から日本への流れが主流になっており、日本発と呼べるマーケティングの理論や枠組みは限られている。

しかし今回、前川製作所についてヒアリングを実施し、同社の取り組みについて考察する機会を得た。そこから見えてきたことは、トヨタや大手商社のような名だたる大企業だけでなく、上場していない企業や一般的な認知度の低い企業、あるいは規模の小さな企業からも学ぶべき点が大いにあり、価値ある新しい枠組みを見出せる可能性があるという点である。前川製作所から声をかけてもらえなければ、そして書籍の出版という話にならなければ、今回のような発見に出会えることはなかった。日本企業の経営者やビジネスマンとともに、私たちマーケティング研究者も、改めて日本企業について見つめなおす必要がある。

２０１７年11月

恩藏直人
永井竜之介

▶ 参考文献

Ansoff, Igor (1957) "Strategies for Diversification," *Harvard Business Review*, 35 (5), 113-124.

Darroch, Jenny and Rod McNaughton (2003) "Beyond Market Orientation: Knowledge Management and The Innovativeness of New Zealand firms," *European Journal of Marketing*, 37 (3/4), 572-593.

Driessen, Paul H. and Bas Hillebrand (2013) "Integrating Multiple Stakeholder Issues in New Product Development: An Exploration," *Journal of Product Innovation Management*, 30 (2), 364-379.

Ende, Jan van den and Nachoem Wijnberg (2003) "The Organization of Innovation and Market Dynamics: Managing Increasing Returns in Software Firms," *IEEE Transactions on Engineering Management*, 50 (3), 374-382.

Johnson, Mark W. (2010) Seizing *The White Space: Business Model Innovation for Growth and Renewal*, Harvard Business School Press.（池村千秋訳『ホワイトスペース戦略』阪急コミュニケーションズ、二〇一一年）

Hendon, Donald W. (1989) *Classic Failures in Product Marketing*, Greenwood.（宮澤永光監訳『失敗からのマーケティング』同文舘出版、一九九三年）

Kotler, Philip (2003) *Marketing Insights from A to Z: 80 Concepts Every Manager Needs to Know*, John Wiley & Sons.（恩藏直人監訳『コトラーのマーケティング・コンセプト』東洋経済新報社、二〇〇三年）

Levitt, Theodore (1960) "Marketing Myopia," *Harvard Business Review*, July-August, 45-46.

Plowman, Donde Ashmos, Lakami T. Baker, Tammy E. Beck, Mukta Kulkarni, Stephanie Thomas Solansky and Deandra Villarreal Travis (2007) "Radical Change Accidentally: The Emergence and Amplification of Small Change," *Academy of Management Journal*, 50 (3), 515-543.

Poter, Michael E. (1980) Competitive Strategy: Techniques for Analyzing Industries and Competitors, Free Press.（土岐坤・中辻萬治・服部照夫訳『競争の戦略』ダイヤモンド社、一九八二年）

Stalk, Jr., George and Thomas M. Hout (1990) *Competing Against Time: How Time-Based Competition is Reshaping Global Markets*, Free Press.（中辻萬治・川口恵一訳『タイムベース競争戦略』ダイヤモンド社、一九九三年）

Wilson, Elizabeth J. (1994) "The Relative Importance of Supplier Selection Criteria: A Review and Update," *Journal of Supply Chain Management*, 30 (2), 34-41.

秋葉原電気街振興会ホームページ「秋葉原アーカイブス　第三章〜高度成長と家電ブーム〜　昭和30年代」http://akiba.or.jp/archives/index04.html

池田紀行・山崎晴生『次世代共創マーケティング』ＳＢクリエイティブ、二〇一四年。

一般社団法人日本冷凍空調工業会ホームページ「ＨＣＦＣ（Ｒ22冷媒など）の国内生産削減・全廃の

お知らせ」http://jraia.or.jp/info/hcfc/index.html
井上淳子「新製品開発の失敗要因としてのコミットメント・エスカレーション：開発プロセスにおけるその現象と影響要因に着目して」『産業経営』早稲田大学産業経営研究所、三四号、七三〜八八ページ、二〇〇三年。

今西錦司『生物の世界』講談社、一九七二年。

大久保直也・西川英彦「共創志向と競争志向は、ユーザー・イノベーションに有効か—ミニ四駆のイノベーション・コミュニティー」『マーケティングジャーナル』日本マーケティング学会、三六巻四号、二四〜三九ページ、二〇一七年。

太田肇「ポスト工業化社会の企業論：個人を組織から『分化』せよ」『ダイヤモンド・ハーバード・ビジネスレビュー』ダイヤモンド社、二〇一七年一一月号、四六〜五七ページ、二〇一七年。

桶川拓也「あの「販売戦略」はこうして失敗した」『The 21』PHP研究所、二〇巻一二号、七三〜七五ページ、二〇〇三年。

小沢和彦「ラディカルな組織変革研究における一考察—インクリメンタルな組織変革との関連において—」『日本経営学会誌』日本経営学会編、三六号、七四〜八五ページ、二〇一五年。

恩藏直人『競争優位のブランド戦略』日本経済新聞社、一九九五年。

恩藏直人『マーケティングに強くなる』筑摩書房、二〇一七年。

金沢くらしの博物館ホームページ「学習資料「昔のくらし」食〜台所用品」http://www.kanazawa-museum.jp/minzoku/teachers/data_detail02.html

株式会社前川製作所ホームページ「自然冷媒への取り組み」http://www.mayekawa.co.jp/ja/about/natural_refrigerant/

佐々木将人・上原渉・福冨言・山下裕子・福地宏之「営業組織の活性化要因：日本企業のマーケティング力調査から」『組織科学』組織学会編、四七巻二号、三七〜四六ページ、二〇一三年。

篠原匡「冷凍の巨人、無競争に生きる」、「〝遠回り〟こそ我が力」、「客と悩み、客と作る」、「革新は〝遊び〟が生む」『日経ビジネス』日経BP社、二〇一二年七月二日号、六六〜七七ページ、二〇一二年。

渋谷義行「サプライヤー選択基準の研究」『マーケティングジャーナル』日本マーケティング協会、三一巻二号、一二二〜一二八ページ、二〇一一年。

嶋口充輝『柔らかいマーケティングの論理―日本型成長方式からの出発』ダイヤモンド社、一九九七年。

週刊東洋経済編集部編「動き出した定年延長の実情」『週刊東洋経済』東洋経済新報社、二〇一六年三月一九日号、八六〜八九ページ。

新宅祐太郎「テルモ 新宅祐太郎の経営教室　第3回 コモディティーでも利益を出す」『日経ビジネス』日経BP社、二〇一五年三月二三日号、九四〜九七ページ、二〇一五年。

清宮政宏「営業行動の選択とその有効性に関する一考察　提案型営業と適応型営業から垣間見える動態性分析のための新視点」『彦根論叢』滋賀大学経済学会、三九一号、一六八〜一八一ページ、二〇一二年。

総務省「平成25年版情報通信白書」
http://www.soumu.go.jp/johotsusintokei/whitepaper/ja/h25/html/nc123110.html
高橋郁夫「サービス・マーケティングにおける失敗の潜在性とそのリカバリーの有効性　コンジョイント分析を用いた実証研究」『マーケティングジャーナル』日本マーケティング協会、二七巻四号、三六〜四六ページ、二〇〇八年。
高橋由里・並木厚憲・藤尾明彦「失敗のマーケティング」『週刊東洋経済』東洋経済新報社、二〇〇五年七月三〇日号、九二〜九九ページ、二〇〇五年。
内閣府「平成28年版高齢社会白書（全体版）（ＰＤＦ版）」
http://www8.cao.go.jp/kourei/whitepaper/w-2016/html/zenbun/s1_1_5.html
内閣府「平成29年版高齢社会白書（全体版）（ＰＤＦ版）」
http://www8.cao.go.jp/kourei/whitepaper/w-2017/zenbun/pdf/1s1s_01.pdf
永井竜之介・恩藏直人「顕在ニーズの実現〜イノベーションを創出する土壌〜」『マーケティングジャーナル』日本マーケティング協会、三三巻四号、一〇七〜一二二ページ、二〇一三年。
永井竜之介・恩藏直人「共創するイノベーション—顧客との共創と営業との共創—」『マーケティングジャーナル』日本マーケティング学会、三五巻四号、一三八〜一四八ページ、二〇一六年。
日経ビジネス編集部編「シニアはこう活かす」『日経ビジネス』日経ＢＰ社、二〇一四年四月一四日号、三〇〜三九ページ。
野中郁次郎・竹内弘高『知識創造企業』東洋経済新報社、一九九六年。

藤原匡「客と悩み、客と作る」『日経ビジネス』日経BP社、二〇一二年七月二日号、七三〜七五ページ、二〇一二年。

前川製作所『前川製作所会社案内』株式会社前川製作所、二〇一五a年。

前川製作所『前川製作所90周年技術史』株式会社前川製作所、二〇一五b年。

前川正雄『再起日本!—世界のハイテク技術を拓く』ダイヤモンド社、二〇一三年。

増田明子・恩藏直人「顧客参加型の商品開発」『季刊マーケティングジャーナル』日本マーケティング協会、一二二号、八四〜九八ページ、二〇一一年。

真鍋誠司「R&D関連部門の物理的近接による逆機能の発生メカニズム—日産自動車の事例分析—」『組織科学』組織学会編、四五巻三号、三五〜四八ページ、二〇一二年。

見波利幸「生涯現役の落とし穴 会社を蝕むシニア社員」『週刊東洋経済』東洋経済新報社、二〇一六年三月一九日号、八二〜八五ページ、二〇一六年。

柳川高行「メーカーマーケティングの成功例と失敗例:事例研究・伊藤園とサントリー」『白鴎大学論集』白鴎大学、一九九四年。

	日時	場所	氏名	内容
1	2015年04月21日　約2時間	早稲田大学	加茂田	マエカワについて
2	2015年08月07日　約2時間	前川製作所　別館	前川正雄（顧問）	マエカワについて
3			加茂田	
4			川村	
5	2015年08月28日　約3時間	前川製作所　守谷工場	加茂田	ニュートンについて
6			浅野	
7			宮﨑	
8			大野	
9	2015年09月02日　約1時間	早稲田大学	重岡	マエカワについて
10			加茂田	
11	2015年09月10日　約3時間	大手物流会社　A	ご担当者　A	顧客取材
12	2015年09月16日　約1時間	早稲田大学	重岡	マエカワについて
13			加茂田	
14			岡田	
15	2015年11月17日　約1時間	早稲田大学	川村	マエカワについて
16			重岡	
17			岡田	
18	2015年11月25日　約1時間	前川製作所　本社	山本	生き字引について
19	2015年11月25日　約1時間	前川製作所　本社	岡	生き字引について

取材対象一覧……①

20	2015年11月25日 約1時間	前川製作所 本社	寒風澤	生き字引について
21	2015年12月03日 約1時間半	前川製作所 本社	兒玉	トリダスについて
22	2015年12月03日 約1時間半	前川製作所 本社	田中	生き字引について
23	2015年12月11日 約2時間	前川製作所 本社	井上	働き方について
24	2016年01月14日 約3時間	前川製作所 本社	川村	マエカワについて
25			重岡	
26	2016年02月15日 約1時間	前川製作所 本社	野地	働き方について
27	2016年02月15日 約1時間	前川製作所 本社	田中	働き方について
28	2016年02月18日 約1時間半	前川製作所 本社	前川正雄（顧問）	マエカワについて
29	2016年02月18日 約1時間半	前川製作所 本社	岡田	働き方について（グループインタビュー）
30			神園	
31			堤	
32			服部	
33			大和	
34	2016年03月29日 約3時間	前川製作所 本社	重岡	マエカワについて
35			岡田	
36	2016年04月21日 約1時間	前川製作所 本社	川村	失敗事例について
37	2016年04月21日 約1時間	前川製作所 本社	蓜島	失敗事例について
38	2016年05月17日 約3時間	東広島市内	前川正（会長）	マエカワについて

▸ 取材対象一覧……②

	日時	場所	氏名	内容
39	2016年05月18日　約1時間半	東広島市役所	加藤	東広島工場について
40			東広島市ご担当者 A	
41			東広島市ご担当者 B	
42			東広島市ご担当者 C	
43			東広島市ご担当者 D	
44	2016年05月18日　約2時間半	前川製作所　東広島工場	川津	東広島工場について
45	2016年06月09日　約1時間半	東京ビッグサイト	岡田	FOOMA視察
46	2016年06月22日　約1時間半	門前仲町	小野里	失敗事例について
47	2016年06月22日　約1時間	門前仲町	深野	失敗事例について
48	2016年06月23日　約2時間	前川製作所　本社	岡田	失敗事例について
49	2016年08月17日　約1時間半	前川製作所　本社	江原	成功事例について
50	2016年08月17日　約1時間半	前川製作所　本社	蓜島	成功事例について
51	2016年09月29日　約1時間	前川製作所　本社	前川正（会長）	マエカワについて
52	2017年04月24日　約4時間	門前仲町	福元	海外ビジネスについて
53	2017年05月24日　約1時間	前川製作所　本社	前川真（社長）	マエカワについて
54	2017年05月24日　約1時間	前川製作所　本社	高橋	海外ビジネスについて
55	2017年10月15日　約2時間	早稲田大学	重岡	マエカワについて
56			岡田	

主要索引

［著者紹介］

恩藏直人（おんぞう・なおと）
早稲田大学商学学術院教授
1959年生まれ。早稲田大学商学部卒業、同大学大学院商学研究科修士課程および博士後期課程修了。同大学専任講師、助教授を経て、1996年より教授。専門はマーケティング戦略。主著に『マーケティングに強くなる』（筑摩書房）、『コモディティ化市場のマーケティング論理』（有斐閣）など。

永井竜之介（ながい・りゅうのすけ）
高千穂大学商学部助教
1986年生まれ。早稲田大学政治経済学部経済学科卒業、同大学大学院商学研究科修士課程修了の後、博士後期課程へ進学。同大学商学学術院総合研究所助手を経て、2016年より現職。専門はマーケティング情報、消費者行動。

脱皮成長する経営
──無競争志向がもたらす前川製作所の価値創造

二〇一七年一二月一五日　初版第一刷発行

著者　恩藏直人・永井竜之介
発行者　千倉成示
発行所　株式会社 千倉書房
〒一〇四－〇〇三一
東京都中央区京橋二－四－一二
〇三－三二七三－三九三一（代表）
http://www.chikura.co.jp/

印刷・製本　藤原印刷株式会社
造本・装丁　米谷豪

ISBN 978-4-8051-1128-4 C0034